FUNDAMENTOS DE ÁLGEBRA I

Julio Cesar Romero Pabón

Editorial KDP
ISBN: 9798869522269
Sello: Independently published

FÓRMULAS DE ÁREA

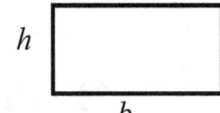 Área de un rectángulo $\qquad A = b\,h$

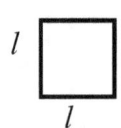 Área del cuadrado $\qquad A = l^{2}$

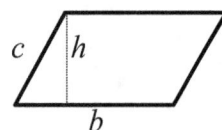 Área de un paralelogramo $\qquad A = b\,h$

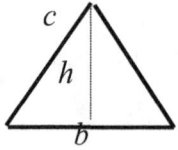 Área del triángulo $\qquad A = \dfrac{1}{2}bh$

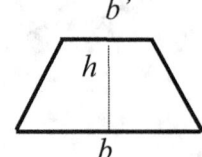 Área de un trapezoide $\qquad A = \dfrac{1}{2}h\left(b + b'\right)$

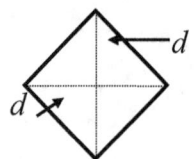 Área de un rombo $\qquad A = \dfrac{1}{2}dd'$

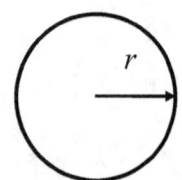 Área del círculo $\qquad A = \pi\,r^{2}$

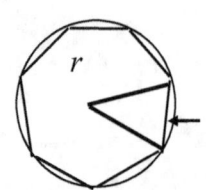 Área de un sector circular $\qquad A = \dfrac{n}{360}\pi\,r^{2}$

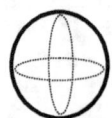 Área de la esfera $\qquad A = 4\,\pi\,r^{2}$

FÓRMULAS DE VOLUMEN

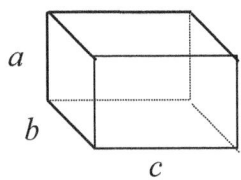 Volumen del paralelepípedo $\quad V = a\,b\,c$

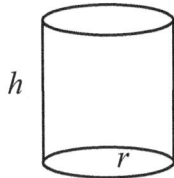 Volumen del cilindro $\quad V = \pi\,r^2\,h$

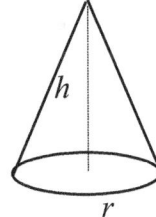 Volumen del cono $\quad V = \dfrac{1}{3}\pi\,r^2 h$

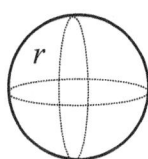 Volumen de la esfera $\quad V = \dfrac{4}{3}\pi\,r^3$

PRÓLOGO

Este libro es una guía para comprender y resolver problemas usando los fundamentos sobre el álgebra, porque por medio de esta área de las matemáticas se pueden expresar y relacionar cantidades, modelar sistemas con el uso de variables y constantes, asi como el de graficar o resolver ecuaciones lineales y cuadráticas. Los ejercicios resueltos y propuestos en cada uno de los capítulos se escogieron de los problemas que son claves en cada uno de los temas tratados en esta disciplina. Además, se incorporaron definiciones fundamentales para poder abordar la solución de los problemas propuestos.

Este libro fue escrito y diseñado por el docente universitario Julio Cesar Romero Pabon, quien cuenta con una amplia formación académica e investigativa en el área de las matemáticas. Se programaron 14 capítulos ordenados de lógicamente desde lo más simple a lo más complejo, cada uno de estos capítulos cuenta con explicaciones teóricas y con ejercicios resueltos paso a paso, además de los problemas propuestos al final de cada uno de los temas.

Mi experiencia sobre la enseñanza y aprendizaje de matemáticas ha comprobado que esta ciencia es difícil de aprender sino se lee o se practica; por tal motivo, se han incorporado al final de cada capítulo un grupo de problemas ideales que le ayudaran a dominar la temática desarrollada, con el objeto de que el estudiante o lector, reconstruyan los esquemas cognitivos por medio de interacciones con los conceptos, ejercicios o talleres, para lograr así las competencias básicas sobre el álgebra.

EL AUTOR:

JULIO CESAR ROMERO PABÓN

TABLA DE CONTENIDO

1. SISTEMAS NUMÉRICOS

1.1 CONJUNTO DE LOS NÚMEROS NATURALES (ℕ)

Es el conjunto de los números que sirven para contar, como son: 1, 2, 3, 4... a este conjunto de números los denotaremos con ℕ. Los elementos de ℕ se caracterizan por:

- Poseer un primer elemento natural. (Que puede ser el 0 ó el 1).
- Ser un conjunto ordenado, ya que dado un número natural cualquiera podemos hallar el siguiente, n < n + 1 para todo n∈ ℕ.

La representación de los conjuntos de números se hace utilizando una recta numérica, la cual contiene un punto llamado origen (el cero); está dividida en semirectas iguales y se aplica la correspondencia biunívoca entre cada punto y sus respectivos números.

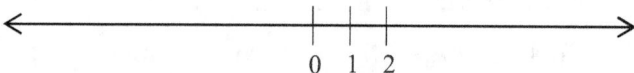

Nota: Actualmente existen dos teorías de los números ℕ, una afirma que el cero (0) no es un natural y otra que afirma que el cero (0) es un natural.

En los naturales sólo están definidas dos operaciones, que son: la suma y la multiplicación.

1.2 EL CONJUNTO DE LOS NÚMEROS ENTEROS (ℤ)

Es el conjunto que está constituido por los ℕ y los números enteros negativos.

$$\mathbb{Z} = \{...-3, -2, -1, 0, 1, 2, 3...\}$$

Analizando la definición de los enteros podemos concluir que ℕ ⊂ ℤ

Representación de los enteros en la recta numérica:

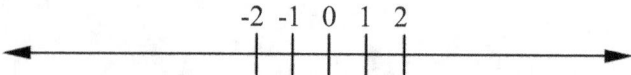

En los enteros podemos definir las operaciones: suma, multiplicación y diferencia.

1.3 EL CONJUNTO DE LOS NÚMEROS RACIONALES (ℚ)

Es un conjunto formado por elementos que son el cociente entre dos enteros, pero el divisor debe ser diferente de cero (0); más precisamente:

$$\mathbb{Q} = \{ x, \text{ tal que: } x = p/q \text{ con } p, q \in \mathbb{Z} \text{ con } q \neq 0 \}$$

Notaciones:

$\mathbb{Q}^+$ = Racionales positivos (el numerador y el denominador del mismo signo).

$\mathbb{Q}^-$ = Racionales negativos (el numerador y el denominador de diferente signo).

1.3.1 CLASES DE FRACCIONES

- Fraccionario puro: Es aquel fraccionario que se presenta en su forma p/q, p, q $\in \mathbb{Z}$ pero con q≠0.
- Fraccionario decimal: Es aquel fraccionario que se obtiene al efectuar la división del numerador por el denominador, ejemplos: 0.5, 0.75, 1.5, 0.333..., etc.

Dentro de los fraccionarios decimales encontramos:

- A los fraccionarios decimales periódicos: que es aquel decimal cuyas cifras decimales se repiten por periodos, ejemplo:

  0.2525 fraccionario periódico cuyo período es 25

  0.3333 fraccionario periódico cuyo período es 3
- Fraccionario decimal no periódico: es aquel fraccionario cuyas cifras decimales no se repiten, ejemplo:

  3.1415926535 = pi

  2.7182 = e

Representación de los racionales en la recta numérica:

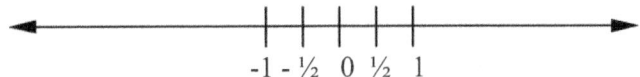

-1 -½ 0 ½ 1

Analizando la definición de los racionales podemos establecer que: $\mathbb{N} \subset \mathbb{Z} \subset \mathbb{Q}$. Las operaciones definidas en los racionales son: la suma, multiplicación, diferencia y división.

1.4 EL CONJUNTO DE LOS IRRACIONALES (I)

Es el conjunto de números que se caracteriza por estar formado por fraccionarios decimales no periódicos, ejemplo: pi, e, raíz cuadrada de 2, etc.

1.5 CONJUNTO DE LOS NÚMEROS REALES ($\mathbb{R}$)

$$\mathbb{R} = \mathbb{N} \cup \mathbb{Z} \cup \mathbb{Q} \cup I$$

Es decir que los, $\mathbb{N}$, $\mathbb{Z}$, $\mathbb{Q}$ y los I están contenidos en los $\mathbb{R}$

En los $\mathbb{R}$ están definidas todas las operaciones existentes en los otros conjuntos numéricos.

La representación de los reales en la recta numérica es:

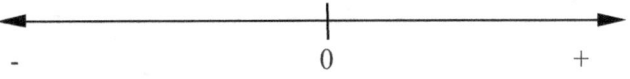

-        0   +

2. TEORÍA DE LOS NÚMEROS

NÚMERO PRIMO: Es un número natural mayor que 1 y que sólo posee dos divisores positivos: él mismo y la unidad.

NUMERO COMPUESTO: Es el número que posee más de dos divisores. Todo número compuesto se puede expresar como un producto de sus factores primos, ejemplo: $180 = 2.2.3.3.5 = 2^2 3^2 5$

2.1 MÉTODO DE CÁLCULO DE LOS FACTORES PRIMOS

Consiste en divisiones sucesivas, ejemplo:

$$
\begin{array}{c|c}
180 & 2 \\
90 & 2 \\
45 & 3 \\
15 & 3 \\
5 & 5 \\
1 &
\end{array}
$$

$$180 = 2.2.3.3.5 = 2^2 3^2 5$$

2.2 MÁXIMO COMÚN DIVISOR (M.C.D)

El M.C.D de dos o más números, es el mayor de los divisores comunes de dichos números, Ejemplo: hallar el M.C.D de 20, 40 y 60.

Primero descomponemos los números 20, 40 y 60 en sus factores primos:

$$
\begin{array}{c|c}
20 & 2 \\
10 & 2 \\
5 & 5 \\
1 &
\end{array}
\qquad
\begin{array}{c|c}
40 & 2 \\
20 & 2 \\
10 & 2 \\
5 & 5 \\
1 &
\end{array}
\qquad
\begin{array}{c|c}
60 & 2 \\
30 & 2 \\
15 & 3 \\
5 & 5 \\
1 &
\end{array}
$$

$$20 = 2^2.5 \qquad 40 = 2^3.5 \qquad 60 = 2^2.3.5$$

Luego el M.C.D $(20, 40, 60) = 2^2.5 = 20$

- Hallar el M.C.D de 18, 27, 81

$$
\begin{array}{c|c}
18 & 2 \\
9 & 3 \\
3 & 3 \\
1 &
\end{array}
\qquad
\begin{array}{c|c}
27 & 3 \\
9 & 3 \\
3 & 3 \\
1 &
\end{array}
\qquad
\begin{array}{c|c}
81 & 3 \\
27 & 3 \\
9 & 3 \\
3 & 3 \\
1 &
\end{array}
$$

$$18 = 2.3^2 \qquad 27 = 3^3 \qquad 81 = 3^4$$

El M.C.D $(18, 27, 81) = 3^2 = 9$

2.3 EL MÍNIMO COMÚN MÚLTIPLO (M.C.M)

El mínimo común múltiplo de dos o más números, es el menor de los múltiplos comunes de dichos números, ejemplo: hallar el mínimo común múltiplo de 25, 45, 60

$$
\begin{array}{r|l}
25 & 5 \\
5 & 5 \\
1 &
\end{array}
\qquad
\begin{array}{r|l}
45 & 3 \\
15 & 3 \\
5 & 5 \\
1 &
\end{array}
\qquad
\begin{array}{r|l}
60 & 2 \\
30 & 2 \\
15 & 3 \\
5 & 5 \\
1 &
\end{array}
$$

$$25 = 5^2 \qquad 45 = 3^2 . 5 \qquad 60 = 2^2 . 3 . 5$$

El M.C.M $(25, 45, 60) = 5^2 . 3^2 . 2^2 = 900$

- Hallar el M.C.M de 10, 15 y 8.

$$
\begin{array}{r|l}
10 & 2 \\
5 & 5 \\
1 &
\end{array}
\qquad
\begin{array}{r|l}
15 & 3 \\
5 & 5 \\
1 &
\end{array}
\qquad
\begin{array}{r|l}
8 & 2 \\
4 & 2 \\
2 & 2 \\
1 &
\end{array}
$$

$$10 = 2 . 5 \qquad 15 = 3 . 5 \qquad 8 = 2^3$$

Luego el M.C.M $(10, 15, 8) = 2^3 . 3 . 5 = 120$

3. OPERACIONES Y PROPIEDADES DEL CONJUNTO Q

Recordemos que: $\mathbb{Q} = \{$ **x, tal que: x=p/q con p q** $\in \mathbb{Z}$ **pero con q≠0**$\}$

3.1 FRACCIONES EQUIVALENTES

Dos fracciones son equivalentes si al efectuar los productos cruzados los resultados son iguales, o sea:

$$\frac{a}{b} \cong \frac{c}{d} \text{ si solo si } ad = bc$$

Ejemplo: $\frac{1}{2} \cong \frac{3}{6}$ ya que $6 . 1 = 3 . 2$

$\frac{4}{5} \cong \frac{8}{10}$ ya que $4 . 10 = 8 . 5$

Para hallar fracciones equivalentes basta con simplificar o amplificar una fracción, es decir, dividir o multiplicar tanto el numerador como el denominador por un mismo número, ejemplo:

$$\frac{4}{6} \cong \frac{2}{3} \text{ simplificado por 2}$$

$$\frac{2}{5} \cong \frac{10}{25} \text{ amplificado por 5}$$

3.2 DEFINICIONES DE ADICIÓN, SUSTRACCIÓN, PRODUCTO Y DIVISIÓN DE LOS Q

3.2.1 ADICIÓN

$$\frac{a}{b} + \frac{c}{d} = \frac{ad + cb}{bd}$$

3.2.2 SUSTRACCIÓN

$$\frac{a}{b} - \frac{c}{d} = \frac{ad - cb}{bd}$$

3.2.3 MULTIPLICACIÓN

$$\frac{a}{b}\frac{c}{d} = \frac{ac}{bd}$$

3.2.4 DIVISIÓN

$$\frac{a}{b} \div \frac{c}{d} = \frac{ad}{bc}$$

EJEMPLOS RESUELTOS

1. $\frac{1}{4} + \frac{3}{8} = \frac{8+12}{32} = \frac{20}{32} = \frac{5}{8}$

Solucionemos el ejercicio anterior utilizando el **método práctico**

$$\frac{1}{4} + \frac{3}{8}$$

Encontramos primero el M.C.M (4, 8)

$$
\begin{array}{r|l}
4 & 2 \\
2 & 2 \\
1 &
\end{array}
\qquad
\begin{array}{r|l}
8 & 2 \\
4 & 2 \\
2 & 2 \\
1 &
\end{array}
$$

$4 = 2^2 \qquad 8 = 2^3$

Luego el M.C.M $(4, 8) = 2^3 = 8$

Por lo tanto, la solución será:

$$\frac{1}{4} + \frac{3}{8} = \frac{2(1) + 1(3)}{8} = \frac{5}{8}$$

2.   Resolver:

$$\frac{2}{3} + \frac{5}{4} - \frac{11}{5} + \frac{1}{2} =$$

El M.C.M $(3, 4, 5, 2) = 60$

Por tanto:

$$\frac{2}{3} + \frac{5}{4} - \frac{11}{5} + \frac{1}{2} = \frac{40 + 75 - 132 + 30}{60} = \frac{13}{60}$$

3.   Calcular:

$$\left(\frac{2}{3} + \frac{1}{2}\right)\left(4 + \frac{1}{2}\right) =$$

SOLUCION:

$$\left(\frac{2}{3} + \frac{1}{2}\right)\left(4 + \frac{1}{2}\right) = \left(\frac{4+3}{6}\right)\left(\frac{8+1}{2}\right) = \left(\frac{7}{6}\right)\left(\frac{9}{2}\right) = \frac{63}{12} = \frac{21}{4}$$

4.   Resolver:

$$\frac{1}{5} \div \frac{2}{3} =$$

SOLUCION:

$$\frac{1}{5} \div \frac{2}{3} = \frac{(1)(3)}{(5)(2)} = \frac{3}{10}$$

1. CALCULAR:

a. $2(4-2)+3(2-5)$ b. $-3(2-1)-4(5+3)$

c. $2[5(3-2)]+[-6(4-1)]$ d. $-2[-3(-2-3)]-[6-(-3-3)]$

2. EFECTUAR LAS SIGUIENTES OPERACIONES

a. $\dfrac{1}{2}+\dfrac{3}{2}$ b. $\dfrac{2}{3}+\dfrac{1}{2}+4$

c. $\dfrac{2}{5}-\dfrac{1}{2}+\dfrac{1}{4}$ d. $\left(\dfrac{2}{3}\right)\left(\dfrac{5}{7}\right)$

e. $4\left(\dfrac{2}{5}+\dfrac{1}{4}+\dfrac{4}{3}-2\right)$ f. $\left(5+\dfrac{1}{2}\right)\left(\dfrac{2}{3}-\dfrac{1}{3}\right)$

g. $\left(\dfrac{2}{3}+\dfrac{1}{2}-\dfrac{1}{4}\right)\left(\dfrac{1}{4}-\dfrac{1}{3}-3+\dfrac{3}{5}\right)$ h. $\left(\dfrac{5}{3}+\dfrac{1}{2}\right)^2\left(\dfrac{1}{2}-\dfrac{1}{3}\right)^3$

i. $\dfrac{\left(\dfrac{1}{2}-\dfrac{1}{3}\right)^2}{\left(3-\dfrac{5}{3}\right)^3}$ j. $\dfrac{\dfrac{3}{7}\dfrac{8}{5}+\dfrac{3}{35}}{-1\left(\dfrac{2-\dfrac{3}{4}}{\dfrac{-2}{3}}\right)}$

k. $1-\dfrac{\dfrac{1}{2}-\dfrac{1}{3}}{1-\dfrac{1-\dfrac{1}{2}}{4}}$

3. Un Ingeniero agrego a una solución ¾ de gramos de NaCl, más tarde añadió 1/8 gramos de la misma sustancia y por último 5/4 del mismo soluto. Calcular la cantidad de NaCl que se le hecho a la solución.

4. Un laboratorio de informática para hacer un trabajo necesita $\left(2-\dfrac{5}{7}\right)$ bytes disponible y sólo tiene disponible $\left(1-\dfrac{3}{4}\right)$ bytes. ¿Cuántos bytes necesita para completar el trabajo?

5. Por cada gota de un líquido X que caen en una probeta se aumenta el volumen en 2/7 ml. En 49 gotas que volumen tendrán dentro de la probeta.

4. POTENCIACIÓN, RADICACIÓN Y LOGARITMACIÓN

4.1 POTENCIA

La potencia es la simplificación de la multiplicación cuando se están multiplicando números iguales. Simbolización:

$$a.a.a.a.a.a\ldots a = a^n$$

n veces donde a es la base y $n \in Z^+$ el exponente

Notación: $\quad a^{-1} = \dfrac{1}{a}$ con $a \neq 0$

Además, todo número elevado a la cero (0) es 1, es decir: $a^0 = 1$ con $a \neq 0$

Ejemplo:

$$5.5.5.5 = 5^4$$

$$4.4.4.4.4.4. = 4^6$$

$$8^{-2} = \frac{1}{8^2}$$

4.2 POTENCIA DE UNA FRACCIÓN

$$\left(\frac{a}{b}\right)^n = \underbrace{\frac{a}{b}\frac{a}{b}\frac{a}{b}\ldots\frac{a}{b}}_{n \text{ veces}} = \frac{a^n}{b^n}$$

Ejemplo:

$$\left(\frac{2}{5}\right)^3 = \frac{2^3}{5^3} = \frac{8}{125}$$

4.3 EL PRODUCTO DE POTENCIAS DE IGUAL BASE

Es otra potencia de la misma base y de exponente igual a la suma de los exponentes de los factores:

$$a^n a^m = a^{n+m}$$

Ejemplos:
$$3^4 . 3^5 = 3^9$$
$$x^3 x^7 = x^{10}$$

4.4 LA DIVISIÓN DE POTENCIAS DE IGUAL BASE

Es otra potencia cuyo exponente es la diferencia que resulta al restar, del exponente del numerador el exponente del denominador.

$$\frac{a^n}{a^m} = a^{n-m}$$

Ejemplo:
$$\frac{3^9}{3^5} = 3^{9-5} = 3^4$$

4.5 POTENCIA DE UNA POTENCIA

Para hallar la potencia de una potencia se deja la base y se multiplican los exponentes:

$$(a^n)^m = a^{nm}$$

Ejemplo:
$$(2^3)^4 = 2^{3.4} = 2^{12}$$

EJEMPLOS SOBRE POTENCIACIÓN

En los siguientes ejercicios se pide simplificar y dar la respuesta con exponentes positivos:

$a)\ \dfrac{1}{2^{-3}} = \dfrac{1}{\frac{1}{2^3}} = 2^3 = 8$

$b)\ \left(\dfrac{a^{-3}}{a^{-4}}\right)^{-2} = \left(\dfrac{\frac{1}{a^3}}{\frac{1}{a^4}}\right)^{-2} = \left(\dfrac{a^4}{a^3}\right)^{-2} = (a)^{-2} = a^{-2} = \dfrac{1}{a^2}$

$c)\ \dfrac{-3a^4 b^{-2}}{9a^{-8}b^6} = \dfrac{-3a^{4-(-8)}b^{-2-(6)}}{9} = \dfrac{-3a^{4+8}b^{2-6}}{9} = \dfrac{-a^{12}b^{-8}}{3} = \dfrac{-a^{12}}{3b^8}$

$d)\ \left[\left(\dfrac{2}{3}\right)^3\right]^{-2} = \left(\dfrac{2}{3}\right)^{(3)(-2)} = \left(\dfrac{2}{3}\right)^{-6} = \dfrac{2^{-6}}{3^{-6}} = \dfrac{3^6}{2^6} = \dfrac{729}{64}$

$e)\ \left(\dfrac{a^{-4}bc^{-2}}{a^3 b^{-2}c}\right)^{-2} = \dfrac{(a^{-4}bc^{-2})^{-2}}{(a^3 b^{-2}c)^{-2}} = \dfrac{a^{(-4)(-2)}b^{(-2)}c^{(-2)(-2)}}{a^{(3)(-2)}b^{(-2)(-2)}c^{(-2)}} = \dfrac{a^8 b^{-2}c^4}{a^{-6}b^4 c^{-2}} = \dfrac{a^8 a^6 c^4 c^2}{b^4 b^2}$
$\qquad = \dfrac{a^{14}c^6}{b^6}$

$d)\ \dfrac{a^{2n-1}a^{n+1}}{a^{4n}} = \dfrac{a^{(2n-1)+(n+1)}}{a^{4n}} = \dfrac{a^{2n+n-1+1}}{a^{4n}} = \dfrac{a^{3n}}{a^{4n}} = \dfrac{1}{a^n}$

4.6 RADICACIÓN

La raíz es la operación que nos permite hallar la base de una potencia:

$$\sqrt[b]{c} = a \text{ entonces } a^b = c$$
A demas:
$$\sqrt[n]{b^m} = b^{\frac{m}{n}} \quad \text{con } n, m \in Z \text{ y } n \neq 0$$

Los elementos de una raíz son: **índice, radicando y resultado**

EJEMPLOS SOBRE RADICACIÓN

SIMPLIFICAR:

$a) \quad \sqrt{\dfrac{75a^3}{9}} = \sqrt{\dfrac{(3)(5)^2 a^2 a}{3^2}} = \dfrac{5a}{3}\sqrt{3a}$

$b) \quad \sqrt[3]{-27b^5} = \sqrt[3]{(-3)^3 b^3 b^2} = (-3)b\ \sqrt[3]{b^2} = -3b\ \sqrt[3]{b^2}$

$c) \quad 4^{\frac{2}{3}} = \sqrt[3]{(4)^2} = \sqrt[3]{(2^2)^2} = \sqrt[3]{2^4} = \sqrt[3]{2^3 2^1} = 2\ \sqrt[3]{2}$

CALCULAR LA SUMA INDICADA

$a) \quad \sqrt[3]{5} - \sqrt[3]{40} + \sqrt[3]{625} = \sqrt[3]{5} - \sqrt[3]{2^3(5)} + \sqrt[3]{5^3 5} = \sqrt[3]{5} - 2\sqrt[3]{5} + 5\sqrt[3]{5} = 4\sqrt[3]{5}$

$b) \quad 3\sqrt{2} - \sqrt{8} + \sqrt{50} = 3\sqrt{2} - \sqrt{2^2 2} + \sqrt{5^2 2} = 3\sqrt{2} - 2\sqrt{2} + 5\sqrt{2} = 6\sqrt{2}$

Al analizar los dos últimos ejercicios nos damos cuenta que dos radicales son semejantes si después de simplificados tienen el mismo e igual radicando.

Para sumar radicales semejantes se suman los coeficientes de los radicales y el resultado se multiplica por el radical.

4.6.1 MULTIPLICACIÓN Y DIVISIÓN DE RADICALES

> Para multiplicar radicales se reducen a un mismo índice y luego se multiplican los radicandos.

EJEMPLO: ENCONTRAR EL PRODUCTO DE:

$a) \quad \sqrt{5ab^2}\sqrt{15ab^3} = \sqrt{(5ab^2)(15ab^3)} = \sqrt{75a^2 b^5} = \sqrt{(3)(5^2)a^2 b^2 b^2 b} = 5abb\ \sqrt{3b}$
$\qquad\qquad = 5ab^2\ \sqrt{3b}$

$b) \quad \sqrt{\dfrac{7x}{4y^3}}\sqrt{\dfrac{14x}{3y^2}} = \sqrt{\left(\dfrac{7x}{4y^3}\right)\left(\dfrac{14x}{3y^2}\right)} = \sqrt{\dfrac{98x^2}{12y^5}} = \sqrt{\dfrac{7^2 2x^2}{2^2 3y^2 y^2 y}} = \dfrac{7x}{2y^2}\sqrt{\dfrac{2}{3y}}$

Para dividir radicales se reducen a un mismo índice si es necesario y luego se simplifican si es posible los radicando, ejemplo, dividir:

$a) \quad \sqrt{15x^3} \div \sqrt{6xy} = \dfrac{\sqrt{15x^3}}{\sqrt{6xy}} = \sqrt{\dfrac{(3)(5)xx^2}{(2)(3)xy}} = \sqrt{\dfrac{5x^2}{2y}} = x\sqrt{\dfrac{5}{2y}}$

4.6.2 RACIONALIZACIÓN DEL DENOMINADOR

Racionalizar el denominador de una fracción dada significa transformar esa fracción en otra equivalente cuyo denominador sea racional.

EJEMPLO, racionalizar el denominador de:

$$a) \quad \frac{2}{\sqrt{3}} = \frac{2}{\sqrt{3}} \frac{\sqrt{3}}{\sqrt{3}} = \frac{2\sqrt{3}}{\sqrt{3^2}} = \frac{2\sqrt{3}}{3}$$

$$b) \quad \frac{10}{3\sqrt{5}} = \frac{10}{3\sqrt{5}} \frac{\sqrt{5}}{\sqrt{5}} = \frac{10\sqrt{5}}{3\sqrt{5^2}} = \frac{10\sqrt{5}}{(3)(5)} = \frac{2\sqrt{5}}{3}$$

Ahora analizaremos el caso en que el denominador de la fracción esté compuesto de dos o más términos que contienen radicales, por ejemplo, para racionalizar el denominador de:

$$a) \quad \frac{3}{\sqrt{3}-2} = \frac{3(\sqrt{3}+2)}{(\sqrt{3}-2)(\sqrt{3}+2)} = \frac{3(\sqrt{3}+2)}{(\sqrt{3})^2 - (2)^2} = \frac{3(\sqrt{3}+2)}{3-4} = \frac{3(\sqrt{3}+2)}{-1}$$
$$= -3(\sqrt{3}+2)$$

$$b) \quad \frac{5}{\sqrt{5}+\sqrt{2}} = \frac{5(\sqrt{5}-\sqrt{2})}{(\sqrt{5}+\sqrt{2})(\sqrt{5}-\sqrt{2})} = \frac{5(\sqrt{5}-\sqrt{2})}{(\sqrt{5})^2 - (\sqrt{2})^2} = \frac{5(\sqrt{5}-\sqrt{2})}{5-2} = \frac{5(\sqrt{5}-\sqrt{2})}{3}$$

4.7 EL LOGARITMO

Es la operación que nos permite hallar el exponente de una potencia:

$$log_a c = b \text{ entonces } a^b = c$$

4.7.1 PROPIEDADES DE LOS LOGARITMOS

a. $log_a(X.Y) = log_a X + log_a Y$

b. $log_a \left(\frac{X}{Y}\right) = log_a X - log_a Y$

c. $log_a X^b = b. log_a X$

EJEMPLOS SOBRE LOGARITMACIÓN

a) $\log_3 9 = 2$ Porque $3^2 = 9$

b) $\log_2 8 = 3$ Porque $2^3 = 8$

c) $\log_{\frac{1}{2}} 16 = -4$ Porque $\left(\dfrac{1}{2}\right)^{-4} = 16$

e) $\log_5 125^4 = (4)(\log_5 125) = (4)(3) = 12$

f) $\log_3 1 = 0$ Porque $3^0 = 1$

g) $\log_3 81 = 4$ Porque $3^4 = 81$

h) $\log_3 \dfrac{1}{81} = \log_3 1 - \log_3 81 = 0 - 4 = -4$

i) $\log_e(2{,}71828) = ln(2{,}71828) = 1$ Porque $e^1 = e = 2{,}71828$

j) $ln(7{,}38905) = 2$ Porque $e^2 = 7{,}38905$

k) Depejar t de: $20 = e^{2t}$

Aplicando logaritmo natural en ambos lados de la igualdad tenemos:

$$\ln(20) = \ln e^{2t}$$

Por propiedad de los logaritmo se obtiene que:

$$\ln 20 = 2t \ \ln e$$

$$\ln 20 = 2t \ (1)$$

$$\ln 20 = 2t$$

$$t = \frac{\ln 20}{2}$$

GRAFICA DE LA FUNCIÓN EXPONENCIAL

La mejor forma para familiarizarse con la función exponencial es mediante el trazado de sus gráficas.

EJEMPLO:

Trazar la gráfica de la función $f(x) = 2^x$

Solución:
En primer lugar, se hace una tabla de valores:

x	-3	-2	-1	0	1	2	3
$f(x)$	1/8	1/4	1/2	1	2	4	8

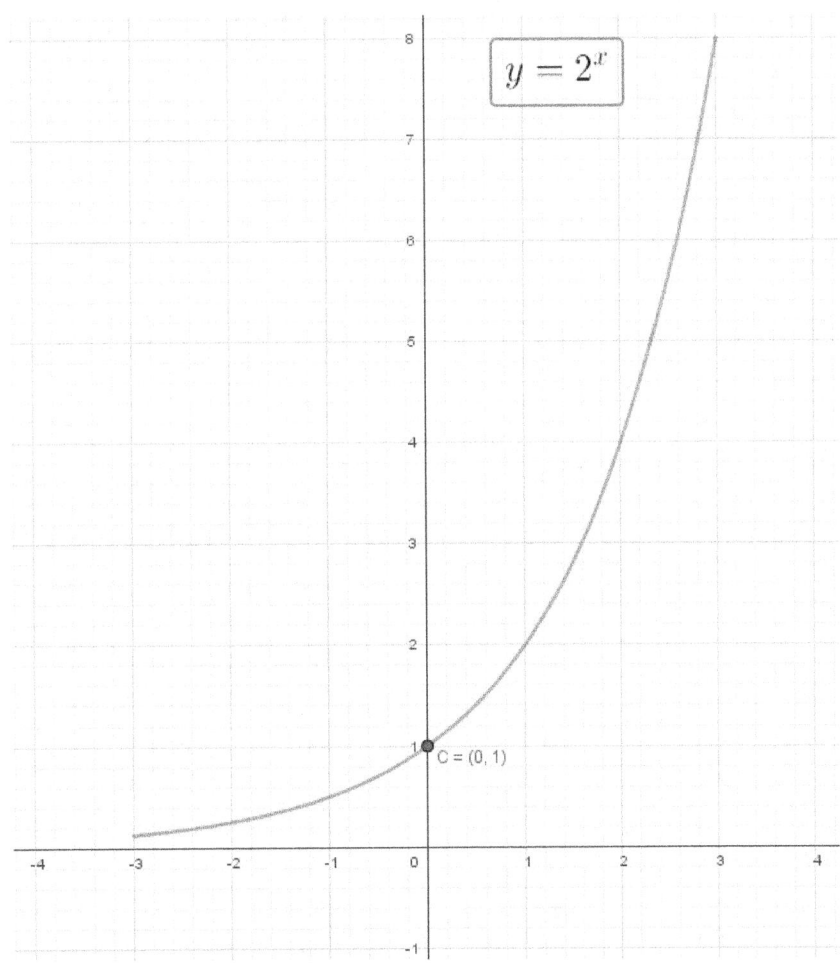

1. Efectúa cada una de las siguientes operaciones indicadas y escribe los resultados en la forma más simple y sin exponentes negativos:

a. $3^{-9}5^{7}3^{4}5$ b. $8^{-5} \div 2^{-6}$ c. $\left(\sqrt{2} - \sqrt{3}\right)\sqrt{2}$ d. $\dfrac{40.10^{4}.2.10^{-2}.3}{5.6.10^{2}}$

e. $\dfrac{x^{2}.x^{4}m^{6}n^{4}}{x^{3}n^{7}m^{2}}$ f. $\sqrt[n]{x^{3n+2}} \div \sqrt[n]{x^{2n+2}}$ g. $\sqrt[n]{\dfrac{a^{m+n}b^{x+a}}{a^{m}b^{3a}}}$ h. $\sqrt[3]{\dfrac{-125}{81}}$ i. $\dfrac{-7x^{m+3}y^{m-1}}{-8x^{4}y^{3m+2}}$

j. $\sqrt{\dfrac{4x^{n-1}y^{n+1}}{9x^{5n-1}y^{n+3}}}$ k. $\left(\dfrac{2a^{2}}{3b^{3}}\right)^{3}\left(\dfrac{2a^{-2}}{3b^{-6}}\right)^{2}$ l. $\left(\dfrac{1}{5}\right)^{\frac{3}{2}} \div \left(\dfrac{1}{5}\right)^{2}$ m. $\left[\left(\dfrac{5}{2}\right)^{\frac{2}{3}}\right]^{3}$

n. $\sqrt{\dfrac{\left(\frac{1}{2} - \frac{1}{4}\right)\left(2 + \frac{1}{2}\right)}{3 + \frac{1}{4}}}$ o. $\dfrac{\left(\frac{5}{2} - \frac{1}{6}\right)^{2}}{\left(4 - \frac{5}{3}\right)^{3}}$ p. $\left(\left[\left(\dfrac{2a^{\frac{1}{2}+n}}{5a^{\frac{3}{8}-2n}}\right)^{-8}\right]^{-10}\right)$ q. $\sqrt{\dfrac{6.2.5.4.3.15}{10.2.4.3}}$

r. $\dfrac{\sqrt[3]{\left(\frac{7}{8} - 1\right)^{2}}}{\left(1 - \frac{3}{4}\right)^{-2}}$ s. $\sqrt[6]{\dfrac{a^{3n}}{1000000a^{n-6}}}$ t. $\sqrt{45} - \sqrt{27} - \sqrt{20}$

u. $\sqrt{175} + \sqrt{243} - \sqrt{63} - 2\sqrt{75}$ v. $\dfrac{1}{2}\sqrt{12} - \dfrac{1}{3}\sqrt{18} + \dfrac{3}{4}\sqrt{48} + \dfrac{1}{6}\sqrt{72}$

2. Expresar en forma exponencial los siguientes logaritmos:

a. $log_3 27 = 3$
b. $log_2 \frac{1}{8} = -3$
c. $log_{\frac{1}{2}} 4$
d. $log_5 \sqrt{125}$

e. $log_{\sqrt{a}} a = 2$
f. $log_b b \sqrt[3]{b} = \frac{4}{3}$
g. $log_e 1 = 0$

3. Hallar el valor numérico de los siguientes logaritmos:

a. $log_{\frac{1}{2}} 8$
b. $log_3 81^5$
c. $log_b(\log_a a^b)$
d. $log_3 \frac{1}{27}$

e. $log_2(\log_2 256)$

4. Si r es un número real positivo, probar la identidad

$$log_a r^2 + log_a \frac{1}{r} + log_a \sqrt{r} = \frac{3}{2} log_a r$$

5. Expresar como suma y/o diferencia de logaritmos:

a. $log_a \frac{\sqrt{x-1}}{2x}$
b. $log_a \sqrt[3]{x^2} \sqrt{y}$

6. Efectuar las siguientes operaciones:

a. $\sqrt{2} - \sqrt{3}$ por $\sqrt{2}$
b. $2\sqrt{3} + \sqrt{5} - 5\sqrt{2}$ por $4\sqrt{15}$

c. $7\sqrt{5} - 11\sqrt{7}$ por $5\sqrt{5} - 8\sqrt{7}$
d. $\sqrt{a} - 2\sqrt{x}$ por $3\sqrt{a} + \sqrt{x}$

e. $\sqrt{a} + \sqrt{a+1}$ por $\sqrt{a} + 2\sqrt{a+1}$
f. $\sqrt{1-x^2} + x$ por $2x + \sqrt{1-x^2}$

7. Racionalizar el denominador de:

a. $\dfrac{5}{\sqrt{3}}$
　　b. $\dfrac{2a}{\sqrt{2ax}}$
　　c. $\dfrac{6}{5\sqrt[3]{3x}}$
　　d. $\dfrac{1}{\sqrt[5]{8a^4}}$
　　e. $\dfrac{1}{\sqrt[3]{9x}}$

f. $\dfrac{5+2\sqrt{3}}{4-\sqrt{3}}$
　　g. $\dfrac{\sqrt{2}-3\sqrt{5}}{2\sqrt{2}+\sqrt{5}}$
　　h. $\dfrac{3\sqrt{2}}{7\sqrt{2}-6\sqrt{3}}$
　　i. $\dfrac{4\sqrt{3}-3\sqrt{7}}{2\sqrt{3}+3\sqrt{7}}$

j. $\dfrac{\sqrt{x}-\sqrt{x-1}}{\sqrt{x}+\sqrt{x-1}}$
　　k. $\dfrac{\sqrt{a}-\sqrt{a+1}}{\sqrt{a}+\sqrt{a+1}}$
　　l. $\dfrac{\sqrt{x+2}+\sqrt{2}}{\sqrt{x+2}-\sqrt{2}}$
　　m. $\dfrac{\sqrt{a+4}-\sqrt{a}}{\sqrt{a+4}+\sqrt{a}}$

n. $\dfrac{\sqrt{a+b}-\sqrt{a-b}}{\sqrt{a+b}+\sqrt{a-b}}$
　　o. $\dfrac{\sqrt{5}+\sqrt{2}}{7+2\sqrt{10}}$
　　p. $\dfrac{9\sqrt{3}-3\sqrt{2}}{6-\sqrt{6}}$
　　q. $\dfrac{7}{5\sqrt{2}-4\sqrt{3}}$

5. NOCIONES BÁSICAS DE ALGEBRA

El Algebra es la rama de la Matemática que estudia la cantidad considerada de modo más general posible.

5.1 NOTACIÓN ALGEBRAICA

Los símbolos utilizados en el Algebra para representar las cantidades son los números y las letras.

Los números se emplean para representar cantidades conocidas y determinadas.

Las letras se emplean para representar toda clase de cantidades, ya sean conocidas o desconocidas.

Las cantidades conocidas se expresan por las primeras letras del alfabeto: a, b, c, d....

Las cantidades desconocidas se representan por las últimas letras del alfabeto: u, v, w, x, y, z.

5.2 NOMENCLATURA ALGEBRAICA

5.2.1 EXPRESIONES ALGEBRAICAS

Es la representación de un símbolo algebraico o de una o más operaciones algebraicas. Ejemplos:

$$a, \quad 5x, \quad \sqrt{4a}, \quad (a+b)c, \quad \frac{(5x-3y)a}{x^2}$$

5.2.2 TERMINO

Es la expresión algebraica que consta de un símbolo o de varios símbolos **no separados entre sí por el sino + o -**, así, por ejemplo:

$$a, \ 3b, \ 2xy, \frac{4a}{3x}$$

Los elementos de un término son cuatro: El signo, el coeficiente, la parte literal y el grado.
Por el signo, son términos positivos los que van precedidos del signo + y negativos los que van precedidos del signo -. Así, $+a, +8x, +9ab$ son términos positivos y $-x, -5bc, \frac{-3a}{2b}$ son términos negativos.

El signo + suele omitirse delante de los términos positivos. Así, a equivale a $+a$; $3ab$ equivale a $+3ab$.
Por tanto, cuando un término no va precedido de ningún signo es positivo.

El coeficiente, en el producto de dos factores, cualquiera de los factores es llamado coeficiente del otro factor.

Así, el producto $3a$ el factor 3 es coeficiente del factor a e indica que el factor a se toma como sumando tres veces, o sea $3a = a + a + a$. Este es un coeficiente numérico.

En el producto ab el factor a es coeficiente del factor b, e indica que el factor b se toma como sumando a veces, o sea $ab = b + b + b + b \ldots a$ veces. Este es un coeficiente literal

En el producto de más de dos factores, uno o varios de ellos son el coeficiente de los restantes. Así, en el producto $abcd$, a es el coeficiente de bcd; ab es el coeficiente de cd; abc el coeficiente de d.

Cuando una cantidad no tiene coeficiente numérico, su coeficiente es la unidad. Así, b equivale a $1b$; abc equivale a $1abc$.

La parte literal, la constituyen las letras que presentes en el término. Así, en $5xy$ la parte literal es xy; en $\frac{3x^3y^4}{2ab}$ la parte literal es $\frac{x^3y^4}{ab}$.

5.2.3 EL GRADO DE UN TÉRMINO

Puede ser de dos clases: **Absoluto** y con **relación a una letra.**

Grado absoluto de un término es **la suma de los exponentes de sus factores literales.** Así, el término $4a$ es de primer grado porque el exponente del factor literal a es 1; el término ab es de segundo grado porque la suma de los exponentes de sus factores literales es 1+1=2; el término a^2b es de tercer grado porque la suma de los exponentes de sus factores literales es 2+1=3; $5a^4b^3c^2$ es de noveno grado porque la suma de los exponentes de sus factores literales es 4+3+2=9.

El grado de un término **con relación** a una letra es el exponente de dicha letra. Así el término bx^3 es de primer grado con relación a b y de tercer grado con relación a x; $4x^2y^4$ es de segundo grado con relación a x y de cuarto grado con relación a y.

5.2.4 CLASES DE TÉRMINOS

Término entero es el que no tiene denominador literal como $5a, 6a^2b, \frac{2a}{5}$.

Término fraccionario es el que tiene el denominador literal como $\frac{3a}{b}$.

Término racional es el que no tiene radical, como los ejemplos anteriores.

Y término irracional el que tiene radical, como $\sqrt{ab}, \frac{3b}{\sqrt[3]{2a}}$.

Términos homogéneos son los que tienen el mismo grado absoluto. Así, $4x^4y$ y $6x^2y^3$ son homogéneos porque ambos son de quinto grado absoluto.

Términos heterogéneos son los de distinto grado absoluto, como $5a$, que es de primer grado, y $3a^2$, que es de segundo grado.

5.3. CLASIFICACIÓN DE LAS EXPRESIONES ALGEBRAICAS

5.3.1 MONOMIO
Es una expresión algebraica que consta de un solo término, como:

$$3a, -5b, \frac{x^2 y}{4a^3}$$

5.3.2 POLINOMIO
Es una expresión algebraica que consta de más de un término, como:

$$a + b, \ x - y, \ x^3 + 2x^2 + x + 7$$

BINOMIO, es un polinomio que consta de dos términos, como:

$$a + b, x - y, \frac{a^2}{3} - \frac{5mx^4}{6b^2}$$

TRINOMIO, es un polinomio que consta de tres términos, como

$$a + b + c, x^2 - 5x + 6, 5x^2 - 6x^3 + \frac{a^2}{3}$$

5.3.3 GRADO DE UN POLINOMIO
El grado de un polinomio puede ser absoluto y con relación a una letra.

Grado absoluto de un polinomio es el grado de su término de mayor grado. Así, en el polinomio $5x^4 - 5x^3 + x^2 - 3x$ el primer término es de cuarto grado; el segundo, de tercer grado; el tercero, de segundo grado, y el último, de primer grado; luego, el grado absoluto del polinomio es de cuarto grado.

Grado de un polinomio con relación a una letra es el mayor exponente de dicha letra en el polinomio. Así, el polinomio $a^6 + a^4 x^2 - a^2 x^4$ es de sexto grado con relación a la a y de cuarto grado con relación a la x.

5.3.4 CLASES DE POLINOMIOS

Un polinomio es entero cuando ninguno de sus términos tiene denominador literal como $x^2 + 5x - 6$; $\frac{x^2}{2} - \frac{x}{3} + \frac{1}{5}$; **fraccionario** cuando alguno de sus términos tiene letra en el denominador como $\frac{a^2}{b} + \frac{b}{c} - 8$; **racional** cuando no contiene radicales, como en los ejemplos anteriores; **irracional** cuando contiene radical, como $\sqrt{a}, \sqrt[3]{b}, -\sqrt{c}, -\sqrt{abc}$; **homogéneo** cuando todos sus términos son del mismo grado absoluto, como $4a^3 + 5a^2 b + 6ab^2 + b^3$, y **heterogéneo** cuando sus términos no son del mismo grado, como $x^3 + x^2 + x - 6$.

Polinomio **completo** con relación a una letra es el que tiene todos los exponentes sucesivos de dicha letra, desde el más alto al más bajo que tenga dicha letra en el polinomio. Así, el polinomio $x^5 + x^4 - x^3 + x^2 - 3x$ es completo con respecto a x, porque contiene todos los exponentes sucesivos de la x desde el más alto 5, hasta el más bajo 1, o sea 5, 4, 3, 2, 1.

Polinomio **ordenado** con respecto a una letra es un polinomio en el cual los exponentes de una letra escogida, llamada **letra ordenatriz,** van aumentando o disminuyendo.

5.3.5 ORDENAMIENTO DE UN POLINOMIO

Es escribir sus términos de modo que los exponentes de una letra escogida como la letra ordenatriz queden en orden descendente o ascendente. Así, ordenar el polinomio $-5x^3 + x^5 - 3x + x^4 - x^2 + 6$ en orden descendente con relación a x será escribir $x^5 + x^4 - 5x^3 - x^2 - 3x + 6$.

5.3.6 TERMINO INDEPENDIENTE DE UN POLINOMIO CON RELACIÓN A UNA LETRA

Es el término que no tiene dicha letra.

Así, en el polinomio $a^3 - a^2 + 3a - 5$ el término independiente con relación a la a es 5 por que no tiene a.

5.3.7 TÉRMINOS SEMEJANTES

Dos o más términos son semejantes cuando tienen la misma parte literal, o sea, cuando tiene iguales letras afectadas de iguales exponentes. Ejemplos:
$$2a \text{ y } a, \; -2b \text{ y } 8b, -5a^3b^2 \text{ y } -8a^3b^2, x^{m+1} \; 3x^{m+1}$$

Los términos $4ab$ y $-6a^2b$ no son semejantes, porque, aunque tienen iguales letras, éstas no tienen los mismos exponentes, ya que la a del primero tiene de exponente 1 y la a del segundo tiene de exponente 2. Cuando un polinomio tiene más de un término semejante, estos se pueden reducir en un sólo término semejante al realizar una operación (suma o resta) entre ellos.

5.4 SUMA Y RESTA DE POLINOMIOS

Para sumar o restar polinômios o expresiones algebraicas, es necesario agruparlas por la semejanza de cada uno de los términos, esto es:

EJEMPLO: Hallar la suma y resta de las expresiones: $3a + 5b - 4ab$, $7a + 6b - 2ab + 10$

Solución:

Para sumar las dos expresiones se realizan los siguientes pasos:

$$(3a + 5b - 4ab) + (7a + 6b - 2ab + 15)$$

Primero se destruyen los paréntesis y se aplica la ley de los signos

$$3a + 5b - 4ab + 7a + 6b - 2ab + 15$$

Agrupando términos semejantes

$$3a + 7a + 5b + 6b - 4ab - 2ab + 15$$

Reduciendo términos semejantes, se llega a la solución:

$$10a + 11b - 6ab + 15$$

Para restar las dos expresiones se realizan los siguientes pasos:

$$(3a + 5b - 4ab) - (7a + 6b - 2ab + 15)$$

Primero se destruyen los paréntesis y se aplica la ley de los signos

$$3a + 5b - 4ab - 7a - 6b + 2ab - 15$$

Agrupando términos semejantes

$$3a - 7a + 5b - 6b - 4ab + 2ab - 15$$

Reduciendo términos semejantes, se llega a la solución:

$$-4a - b - 2ab - 15$$

EJEMPLO: Calcular la suma y la resta de las siguientes expresiones:

$$\frac{7}{2}x^2 + 5y^2 - 3x + 6y - 2, \quad -4x^2 + 8y^2 + 2x - 3y + \frac{7}{3}$$

Solución:

Para sumar las dos expresiones se procede de la siguiente forma:

$$\left(\frac{7}{2}x^2 + 5y^2 - 3x + 6y - 2\right) + \left(-4x^2 + 8y^2 + 2x - 3y + \frac{7}{3}\right)$$

Primero se destruyen los paréntesis y se aplica la ley de los signos

$$\frac{7}{2}x^2 + 5y^2 - 3x + 6y - 2 - 4x^2 + 8y^2 + 2x - 3y + \frac{7}{3}$$

Agrupando términos semejantes

$$\frac{7}{2}x^2 - 4x^2 + 5y^2 + 8y^2 - 3x + 2x + 6y - 3y - 2 + \frac{7}{3}$$

Reduciendo términos semejantes, se llega a la solución:

$$-\frac{1}{2}x^2 + 13y^2 - x + 3y + \frac{1}{3}$$

Para restar las dos expresiones realizamos los siguientes pasos:

$$\left(\frac{7}{2}x^2 + 5y^2 - 3x + 6y - 2\right) - \left(-4x^2 + 8y^2 + 2x - 3y + \frac{7}{3}\right)$$

Primero se destruyen los paréntesis y se aplica la ley de los signos

$$\frac{7}{2}x^2 + 5y^2 - 3x + 6y - 2 + 4x^2 - 8y^2 - 2x + 3y - \frac{7}{3}$$

Agrupando términos semejantes

$$\frac{7}{2}x^2 + 4x^2 + 5y^2 - 8y^2 - 3x - 2x + 6y + 3y - 2 - \frac{7}{3}$$

Reduciendo términos semejantes, se llega a la solución:

$$\frac{15}{2}x^2 - 3y^2 - 5x + 9y - \frac{13}{3}$$

5.5 PRODUCTO DE POLINOMIOS

Para multiplicar dos expresiones algebraicas, es necesario realizar el producto con cada uno de los términos de las expresiones dada.

EJEMPLO: Multiplicar las expresiones: $3a$, $4a^2 + 3a - 6b^2 + 9b - 12$

Solución:

Expresamos el producto de las expresiones:

$$3a \left(4a^2 + 3a - 6b^2 + 9b - 12\right)$$

Multiplicando el término del primer factor por cada uno de los términos del segundo factor se tiene:

$$(3a)\,4a^2 + (3a)\,3a - (3a)\,6b^2 + (3a)\,9b - (3a)\,12$$

Realizando cada una de las multiplicaciones y aplicando la ley de los signos y de los exponentes se tiene la solución:

$$= 12\,a^3 + 9\,a^2 - 18\,ab^2 + 27\,ab - 36\,a$$

EJEMPLO: Multiplicar las expresiones: $3x + 2y^2$, $5x^2 + 4x + 7y^2 - 10y + 14$

Solución:

Expresamos el producto de las expresiones:

$$(3x + 2y^2)\left(5x^2 + 4x + 7y^2 - 10y + 14\right)$$

Multiplicando los términos del primer factor por cada uno de los términos del segundo factor se tiene:

$$(3x + 2y^2)\, 5x^2 + (3x + 2y^2)\, 4x + (3x + 2y^2)7y^2 - (3x + 2y^2)10y + (3x + 2y^2)14$$

Al realizar los producto se tiene que:

$$3x\,(5x^2) + 2y^2\,(5x^2) + 3x\,(4x) + 2y^2\,(4x) + 3x\,(7y^2) + 2y^2\,(7y^2) - 3x\,(10y)$$
$$- 2y^2\,(10y) + 3x\,(14) + 2y^2\,(14)$$

Realizando las multiplicaciones en cada uno de los términos se obtiene

$$15x^3 + 10\,y^2x^2 + 12x^2 + 8y^2x + 21x\,y^2 + 14y^4 - 30xy - 20y^3 + 42x + 28y^2$$

Agrupando términos semejantes

$$15x^3 + 10\,y^2x^2 + 12x^2 + 8y^2x + 21x\,y^2 + 14y^4 - 30xy - 20y^3 + 42x + 28y^2$$

Reduciendo términos semejantes se llega a la solución:

$$\mathbf{15x^3 + 10\,y^2x^2 + 12x^2 + 29x\,y^2 + 14y^4 - 30xy - 20y^3 + 42x + 28y^2}$$

5.6 DIVISIÓN DE POLINOMIOS

Para realizar la división de polinomios es importante aplicar los siguientes casos:

5.6.1 REGLA PARA DIVIDIR UN POLINOMIO POR UN MONOMIO

Se divide cada uno de los términos del polinomio por el monomio separando los cocientes parciales con sus propios signos.

EJEMPLO: Dividir $10a^4 - 4a^2b + 15b^3$ entre $5a^2$

Solución:

$$\frac{10a^4 - 4a^2b + 15b^3}{5a^2} = \frac{10a^4}{5a^2} - \frac{4a^2b}{5a^2} + \frac{15b^3}{5a^2} = 2a^2 - \frac{4}{5}b + 3a^{-2}b^3$$

EJEMPLO: Dividir $12x^5 + 9x^3y^2 - 18\,y^4 - 11$ entre $-3x^2y^3$

Solución:

$$\frac{12x^5 + 9x^3y^2 - 18\,y^4 - 11}{-3x^2y^3} = \frac{12x^5}{-3x^2y^3} + \frac{9x^3y^2}{-3x^2y^3} - \frac{18\,y^4}{-3x^2y^3} - \frac{11}{-3x^2y^3}$$

Para definir los signos de cada uno de los término se multiplicando los signos del numerador por el del denominador.

$$= -\frac{12x^5}{3x^2y^3} - \frac{9x^3y^2}{3x^2y^3} + \frac{18\,y^4}{3x^2y^3} + \frac{11}{3x^2y^3}$$

Simplificando se tiene como solución a:

$$= -4x^3y^{-3} - 3xy^{-1} + 6x^{-2}y + \frac{11}{3}x^{-2}y^{-3}$$

5.6.2 REGLA PARA DIVIDIR DOS POLINOMIOS

Para realizar la división de dos polinomios es necesario tener en cuenta los siguientes pasos:

1. Ordenar el dividendo y el divisor con relación a una misma letra.
2. Se divide el primer término del dividendo entre el primero del divisor y se obtendrá el primer término del cociente.
3. El primer término del cociente se multiplica por todo el divisor y el producto se resta del dividendo.
4. Se divide el término del resto entre el primer término del divisor y se tendrá el segundo término del cociente.
5. Este segundo término del cociente se multiplica por todo el divisor y el producto se resta del dividendo.
6. Se repite el mismo proceso hasta que el residuo sea cero o hasta donde se considere realizar la división.

EJEMPLO: Dividir $3x^2 + 2x + 8$ entre $x + 2$

Solución:

$$
\begin{array}{r|l}
3x^2 + 2x + 8 & x + 2 \\
\underline{-3x^2 - 6x} & 3x - 4 \\
-4x + 8 & \\
\underline{4x - 8} & \\
0 & \\
\end{array}
$$

Luego

$$\frac{3x^2 + 2x + 8}{x + 2} = 3x - 4$$

EJEMPLO: Dividir $2x^3 - 4x - 2$ entre $2x + 2$

Solución:

$$
\begin{array}{r|l}
2x^3 \quad\quad - 4x - 2 & 2x + 2 \\
\underline{-2x^3 - 2x^2} & x^2 - x - 1 \\
-2x^2 - 4x & \\
\underline{2x^2 + 2x} & \\
-2x - 2 & \\
\underline{2x + 2} & \\
0 & \\
\end{array}
$$

Luego

$$\frac{2x^3 - 4x - 2}{2x + 2} = x^2 - x - 1$$

En los ejercicios siguientes realice la suma de las expresiones algebraicas asignadas.

1) $a^2 + 5ab - 7b^3,\ 3a^2 - 2ab - 7b^3 + 16$

2) $\frac{1}{3}a^4 - 2ab^2 + 30b^5x - \frac{15}{4},\ 8a^4 - 7ab^2 + 43b^5x + \frac{7}{2}$

3) $7x^8 + 9x^3y^2 - 10y^5x + \frac{7}{6},\ 11x^8 + 9x^3y^2 + \frac{8}{3}y^5x + \frac{5}{8}$

4) $-7x^9y^4 + 6x^5y^2 + 13\,a\,x^4y + \frac{9}{4},\ -3x^9y^4 + \frac{5}{12}x^5y^2 - 35\,a\,x^4y - \frac{3}{16}$

5) $\frac{18}{5}x^{10}y^7 - 3x^7y^5 - 21\,b^2x^6y^2 + ab + \frac{9}{4},\ \frac{17}{10}x^{10}y^7 + 16x^7y^5 - 14\,b^2x^6y^2 + \frac{1}{2}ab + 2$

En los ejercicios siguientes realice la diferencia de la operación indicada

6) De $8a^3 + 12ab^2 - 7ab^3$ restar $5a^3 - 4ab^2 - 4ab^3 + 16$

7) De $\frac{5}{6}a^5 - \frac{3}{5}a^3b^2 - 18b^6x^2 + \frac{16}{5}$ restar $\frac{7}{3}a^5 - \frac{4}{9}a^3b^2 + 13\,b^6x^2 + \frac{10}{9}$

8) De $12x^9 + 7x^4y^3 + 30y^6x^2 + 17$ restar $5x^9 + 9x^4y^3 + 23y^6x^2 + 2$

9) De $-15x^{11}y^6 + 6x^6y^4 + 13\,a^2x^5y + 12$ restar $-8x^{11}y^6 - 5x^6y^4 - 6\,a^2x^5y$

10) De $\quad \frac{23}{2}x^{15}y^7 + \frac{8}{5}x^9y^5 - \frac{7}{20}b^2x^6y^2 + 8ab + 10 \quad$ restar $\quad \frac{15}{12}x^{15}y^7 + 2x^9y^5 - \frac{1}{20}b^2x^6y^2 + 5ab$

Realice la multiplicación indicada

11) Multiplicar $5a^2b^3$ por $4a^3 + 3ab^2 - \frac{3}{5}ab^3 + 39$

12) Multiplicar $3a^2 + 2b^3$ por $3a^4 - 2a^2b^3 - 6b^6 - 54$

13) Multiplicar $-10x^8y^6 + 6x^3y^4 + 12a$ por $-3x^4y^3 - 7x^2y^2 - 6\,a^2x\,y\,z$

14) Multiplicar $\quad 40x^{10}y^8z^4 + 7x^4y^9z + 12a^3b^{-2} \quad$ por $\quad 60x^{-4}y^3z^{-8} + 80x^3y^4z^{12} - 10\,a^{-6}\,x^2\,y^3\,z^4$

15) Multiplicar $14a^2x^8 - 6x^4y^{-3} - 16a^7y^5x,$ por $12x^9y^3 + 8x^{10}y^2 + \frac{8}{3}a^5\,b^8x^4y^{-2} + 8$

Encontrar el cociente de:

16) Dividir $12a^2b^3 - 16a^{-9}b^8c^2 + 20\,a^{10}b^6 + 18ab^2c^{-3}$ entre $4a^4b^5c^{-6}$

17) Dividir $a^2 - 11ab + 30b^2$ entre $a - 5$

18) Dividir $8x^3 + 27y^6z^3$ entre $2x + 3y^2z$

19) Dividir $64x^6y^9 - a^{12}b^3$ entre $4x^2y^3 + a^4b$

20) Dividir $9x^8y^6 - 12x^4y^3z^6 + 4z^{12}$ entre $3x^4y^3 - 12\,z^6$

6. FACTORIZACIÓN

6.1 CASO 1: CUANDO TODOS LOS TÉRMINOS DE UN POLINOMIO TIENEN UN FACTOR COMÚN

6.1.1 FACTOR COMÚN MONOMIO

Descomponer en factores: $a^2 + 2a$

a^2 y $2a$ contiene el factor común a. Escribimos el factor común a como coeficiente de un paréntesis; dentro del paréntesis escribimos los cocientes de dividir $a^2 \div a = a$ y $2a \div a = 2$, y tendremos:

$$a^2 + 2a = a(a + 2)$$

Descomponer en factores: $5m^2 + 15m^3$

El factor común es $5m^2$, por lo tanto:

$$5m^2 + 15m^3 = 5m^2(1 + 3m)$$

TALLER 4.

Factorar o descomponer en dos factores:

1) $b + b^2$ 2) $x^2 + x$ 3) $3a^3 + a^2$
4) $2a^2x + 6ax^2$ 5) $8m^2 - 12mn$ 6) $35m^2n^3 - 70m^3$
7) $24a^2xy^2 - 36x^2y^4$ 8) $34ax^2 + 51a^2y - 68ay^2$ 9) $14x^2y^2 - 28x^3 + 56x^4$
10) $x - x^2 - x^3 + x^4$ 11) $15y^3 + 20y^2 - 5y$ 12) $15c^3d^2 + 60c^2d^3$

6.1.2 FACTOR COMÚN POLINOMIO

Descomponer $x(a + b) + m(a + b)$

Los dos términos de esta expresión tienen de factor común el polinomio (binomio) $(a + b)$.

Escribimos $(a + b)$ como coeficiente de un paréntesis y dentro del paréntesis escribo los cocientes de dividir los dos términos de la expresión dada entre el factor común $(a + b)$, o sea:

$$\frac{x(a + b)}{(a + b)} = x \quad \text{y} \quad \frac{m(a + b)}{(a + b)} = m$$

Y tendremos: $x(a + b) + m(a + b) = (a + b)(x + m)$

Descomponer en factores: $a(x+1) + b(x+1)$

El factor común es el polinomio $(x+1)$, de aquí que:

$$a(x+1) + b(x+1) = (x+1)(a+b)$$

TALLER 5.

Factorar o descomponer en dos factores:

1) $a(x+1) + b(x+1)$

2) $x(a+1) - 3(a+1)$

3) $2x(n-1) - 3y(n-1)$

4) $a(n+2) + n + 2$

5) $a^2 + 1 - b(a^2+1)$

6) $-m - n + x(m+n)$

7) $(x+y)(n+1) - 3(n+1)$

8) $(a+3)(a+1) - 4(a+1)$

9) $(a+b-1)(b+c) - b - c$

10) $a(n+1) - b(n+1) - n - 1$

11) $(a+b+c)(x-3) - (b-c-a)(x-3)$

6.2 CASO II: FACTOR COMÚN POR AGRUPACIÓN DE TÉRMINOS

Descomponer $ax + bx + ay + by$

Los dos primeros términos tienen el factor común x y los dos últimos el factor común y. Agrupamos los dos primeros términos en un paréntesis y los dos últimos en otro precedido del signo + porque el tercer término tiene el signo + y tendremos:

$$ax + bx + ay + by = (ax + bx) + (ay + by)$$
$$= x(a + b) + y(a + b)$$
$$= (a + b)(x + y)$$

Descomponer en factores: $3m^2 - 6mn + 4m - 8n$

Los dos primeros términos tienen el factor común $3m$ y los dos últimos el factor común 4. Agrupando tenemos:

$$3m^2 - 6mn + 4m - 8n = (3m^2 - 6mn) + (4m - 8n)$$
$$= 3m(m - 2n) + 4(m - 2n)$$
$$= (m - 2n)(3m + 4)$$

TALLER 6.

Factorar o descomponer en dos factores:

1) $a^2 + ab + ax + bx$
2) $a^2x^2 - 3bx^2 + a^2y^2 - 3by^2$
3) $x^2 - a^2 + x - a^2x$
4) $3m - 2n - 2nx^4 + 3mx^4$
5) $x + x^2 - xy^2 - y^2$
6) $3x^3 - 9ax^2 - x + 3a$
7) $2a^2x - 5a^2y + 15by - 6bx$
8) $1 + a + 3ab + 3b$
9) $n^2x - 5a^2y^2 - n^2y^2 + 5a^2x$
10) $2am - 2an + 2a - m + n - 1$
11) $4a^3 - 1 - a^2 + 4a$
12) $3a^2 - 7b^2x + 3ax - 7ab^2$

6.3 CASO III: TRINOMIO CUADRADO PERFECTO

Un trinomio es cuadrado perfecto cuando es el cuadrado de un binomio, o sea, el producto de dos binomios iguales.

Así, $a^2 + 2ab + b^2$ es cuadrado perfecto porque es el cuadrado de $a + b$. En efecto:

$$(a + b)^2 = (a + b)(a + b) = a^2 + 2ab + b^2$$

REGLA PARA CONOCER SI UN TRINOMIO ES CUADRADO PERFECTO

Un trinomio ordenado con relación a una letra es cuadrado perfecto cuando el primero y tercero términos son cuadrados perfectos (o tienen raíz cuadrada exacta) y positivos, y el segundo término es el doble producto de sus raíces cuadradas.

REGLA PARA FACTORAR UN TRINOMIO CUADRADO PERFECTO

Se extrae la raíz cuadrada al primero y tercer término del trinomio y se separan estas raíces por el signo del segundo término. El binomio así formado, que es la raíz cuadrada del trinomio, se multiplica por sí mismo o se eleva al cuadrado.

EJEMPLOS: Factorar $m^2 + 2m + 1$

$$m^2 + 2m + 1 = (m + 1)(m + 1) = (m + 1)^2$$

FACTORAR: $1 - 16ax^2 + 64a^2x^4$
$$1 - 16ax^2 + 64a^2x^4 = (1 - 8ax^2)(1 - 8ax^2) = (1 - 8ax^2)^2$$

TALLER 7.

Factorar o descomponer en dos factores:

1) $a^2 - 2ab + b^2$

2) $x^2 - 2x + 1$

3) $(m - n)^2 + 6(m - n) + 9$

4) $\dfrac{a^2}{4} - ab + b^2$

5) $36 + 12m^2 + m^4$

6) $1 + \dfrac{2b}{3} + \dfrac{b^2}{9}$

7) $\dfrac{n^2}{9} + 2mn + 9m^2$

8) $a^2 - 10a + 25$

9) $4x^2 - 12xy + 9y^2$

10) $9b^2 - 30a^2b + 25a^4$

11) $16x^6 - 2x^3y^2 + \dfrac{y^4}{16}$

12) $4 - 4(1 - a) + (1 - a)^2$

6.4 CASO IV: DIFERENCIA DE CUADRADOS PERFECTOS

Según productos notable la suma de dos cantidades multiplicadas por su diferencia es igual al cuadrado del minuendo menos el cuadrado del sustraendo, o sea, $(a + b)(a - b) = a^2 - b^2$;luego recíprocamente tenemos que;

$$a^2 - b^2 = (a + b)(a - b)$$

REGLA PARA FACTORAR UNA DIFERENCIA DE CUADRADOS
Se extrae la raíz cuadrada al minuendo y al sustraendo y se multiplica la suma de estas raíces cuadradas por la diferencia entre la raíz del minuendo y la del sustraendo. **EJEMPLOS:**

FACTORAR: $1 - a^2$

La raíz cuadrada de 1 es 1; la raíz cuadrada de a^2 es a. Multiplicada la suma de estas raíces $(1 + a)$ por la diferencia $(1 - a)$ tendremos:

$$1 - a^2 = (1 + a)(1 - a)$$

FACTORAR: $(x + 1)^2 - 16x^2$
La raíz cuadrada de $(x + 1)^2$ es $(x+1)$
La raíz cuadrada de $16x^2$ es $4x$
Multiplicando la suma de estas raíces $(x + 1) + 4x$ por la diferencia $(x + 1) - 4x$ tenemos que:
$$(x + 1)^2 - 16x^2 = [(x + 1) + 4x][(x + 1) - 4x]$$
$$= (x + 1 + 4x)(x + 1 - 4x)$$
$$= (5x + 1)(1 - 3x)$$

TALLER 8.

Factorar o descomponer en dos factores:

1) $x^2 - y^2$
2) $a^2 - 1$
3) $a^2 - 4$
4) $9 - b^2$
5) $16 - n^2$
6) $a^2 - 25$
7) $\dfrac{1}{4} - 9a^2$
8) $\dfrac{1}{16} - \dfrac{4x^2}{49}$
9) $a^{6n} - b^{8n}$
10) $\dfrac{1}{100} - x^{2n}$
11) $4x^2 - (x + y)^2$
12) $64m^2 - (m - 2n)^2$
13) $(x - y)^2 - (c + d)^2$
14) $4(x + a)^2 - 25(m + n)^2$

6.5 CASO V: TRINOMIO CUADRADO PERFECTO POR ADICIÓN Y SUS-TRACCIÓN

FACTORAR: $x^4 + x^2y^2 + y^4$

Veamos si este trinomio es cuadrado perfecto. La raíz cuadrada de x^4 es x^2; la raíz cuadrada de y^4 es y^2 y el doble producto de raíces es $2x^2y^2$; luego, este trinomio no es cuadrado perfecto.

Para que sea trinomio cuadrado perfecto hay que lograr que el segundo término x^2y^2 se convierta en $2x^2y^2$, lo cual se consigue **sumándole** x^2y^2, pero para que el trinomio no se varíe hay que **restarle** la misma cantidad que se suma, x^2y^2, y tendremos:

$$x^4 + x^2y^2 + y^2$$
$$+ x^2y^2 \qquad - x^2y^2$$

$$\overline{x^4 + 2x^2y^2 + y^4 - x^2y^2} = (x^4 + 2x^2y^2 + y^4) - x^2y^2$$

$$\text{(factorizando el trinomio cuadrado perfecto)} = (x^2 + y^2)^2 - x^2y^2$$
$$\text{(factorizando la diferencia de cuadrados)} = (x^2 + y^2 + xy)(x^2 + y^2 - xy)$$
$$\text{(ordenando)} = (x^2 + xy + y^2)(x^2 - xy + y^2)$$

FACTORAR: $a^4 + b^4$

La raíz cuadrada de a^4 es a^2; la de $4b^4$ es $2b^2$. Para que esta expresión sea un trinomio cuadrado perfecto hace falta que su segundo término sea $2a^2 2b^2 = 4a^2b^2$ entonces, igual que en los casos anteriores, a la expresión $a^4 + 4b^4$ le sumamos y restamos $4a^2b^2$ y tendremos:

$$a^4 \qquad + 4b^4$$
$$+ 4a^2b^2 \qquad - 4a^2b^2$$

$$- - - - - - - - - - - - - - - - - -$$

$$a^4 + 4a^2b^2 + 4b^2 - 4a^2b^2 = (a^4 + 4a^2b^2 + 4b^2) - 4a^2b^2$$
$$= (a^2 + 2b^2)^2 - 4a^2b^2$$
$$= (a^2 + 2b^2 + 2ab)(a^2 + 2b^2 - 2ab)$$
$$= (a^2 + 2ab + 2b^2)(a^2 - 2ab + 2b^2)$$

TALLER 9.

Factorar o descomponer en dos factores:

1) $a^4 + a^2 + 1$

2) $a^4 - 3a^2b^2 + b^2$

3) $x^4 + 64y^4$

4) $4x^8 + y^8$

5) $4m^4 + 81n^4$

6) $a^4 + 324b^4$

7) $16m^4 - 25m^2n^2 + 9n^4$

8) $x^4 - 6x^2 + 1$

9) $225 + 5m^2 + m^4$

10) $64 + a^{12}$

11) $81a^4 + 64b^4$

12) $4 + 625x^8$

6.6 CASO VI: TRINOMIO DE LA FORMA: $x^2 + bx + c$

Trinomios de la forma $x^2 + bx + c$ son trinomios como:

$$x^2 + 5x + 16, \quad m^2 + 5m - 14$$

$$a^2 - 2a - 15, \quad y^2 - 8y + 15$$

Que cumplen las condiciones siguientes:

1. El coeficiente del primer término es 1.
2. El primer término es una letra cualquiera elevada al cuadrado.
3. El segundo término tiene la misma letra que el primero con exponente 1 y su coeficiente es una cantidad cualquiera, positiva o negativa.
4. El tercer término es independiente de la letra que aparece en el primero y segundo término y es una cantidad cualquiera, positiva o negativa.

6.6.1 REGLA PRÁCTICA PARA FACTORAR UN TRINOMIO DE LA FORMA $x^2 + bx + c$

1. El trinomio se descompone en dos factores binomios cuyo primer término es x, o sea la raíz cuadrada del primer término del trinomio.

2. En el primer factor, después de x se escribe el signo del segundo término del trinomio, y en el segundo factor, después de x se escribe el signo que resulta de multiplicar el signo del segundo término del trinomio por el signo del tercer término del trinomio.

3. Si los dos factores binomios tiene en el medio **signos iguales** se buscan dos número cuya suma sea el valor absoluto del segundo término del trinomio y cuyo producto sea el valor absoluto del tercer término del trinomio. Estos números son los segundos términos de los binomios.
4. Si los dos factores tienen en el medio **signos diferentes** se buscan dos números cuya diferencia sea el valor absoluto del segundo término del trinomio y cuyo producto sea el valor absoluto del tercer término del trinomio. El mayor de estos números es el segundo término del primer binomio, y el menor, es segundo término del segundo binomio.

EJEMPLO: FACTORAR $x^2 + 5x + 6$

El trinomio se descompone en dos binomios cuyo primer término es la raíz cuadrada de x^2 o sea x:

$$x^2 + 5x + 6 = (x \quad)(x \quad)$$

En el primer binomio después de x se le pone signo + porque el segundo término del trinomio $+5x$ tiene signo +. En el segundo binomio, después de x, se escribe el signo que resulta de multiplicar el signo de $+5x$ por el signo de $+6$ y se tiene que + por + da + o sea:

$$x^2 + 5x + 6 = (x \; + \quad)(x \; + \quad)$$

42

Ahora, como en estos binomios tenemos signos iguales buscamos dos números que cuya suma sea 5 y cuyo producto sea 6. Esos números son 2 y 3, luego:

$$x^2 + 5x + 6 = (x \ + \ 3 \ )(x \ + \ 2 \ )$$

FACTORAR: $x^4 - 5x^2 - 50$

El primer término de cada factor binomio será la raíz cuadrada de x^4 o sea x^2:

$$x^4 - 5x^2 - 50 = (x^2 - \ )(x^2 + \ )$$

Buscamos dos números cuya **diferencia** (signos distintos en los binomios) sea 5 y cuyo **producto** sea 50. Esos números son 10 y 5. De aquí que:

$$x^4 - 5x^2 - 50 = (x^2 \ - 10 \ )(x^2 \ + 5 \ )$$

TALLER 10.

Factorar o descomponer en dos factores:

1) $x^2 + 7x + 10$ 2) $y^2 - 4y + 3$ 3) $x^2 - 5x + 6$

4) $c^2 + 5c - 24$ 5) $a^2 + 7a + 6$ 6) $m^2 - 20m - 300$

7) $m^2 - 8m - 1008$ 8) $c^2 - 4c - 320$ 9) $y^2 - 9y + 20$

10) $(4x)^2 - 2(4x) - 15$ 11) $(5x)^2 + 13(5x) + 42$ 12) $x^4 + 5x^2 + 4$

15) $x^6 - 6x^3 - 7$ 16) $x^2y^2 + xy - 12$ 17) $m^2 + mn - 56n^2$

6.7 CASO VII: TRINOMIO DE LA FORMA: $ax^2 + bx + c$

Son trinomios de esta forma:

$$2x^2 + 11x + 5$$

$$3a^2 + 7a - 6$$

$$10n^2 - n - 2$$

$$7m^2 - 32m + 6$$

6.7.1 DESCOMPOSICIÓN EN FACTORES DE UN TRINOMIO DE LA FORMA $ax^2 + bx + c$

EJEMPLO

1) Factorar $6x^2 - 7x - 3$

Multiplicando el trinomio por el coeficiente de x^2 que es 6 y dejando indicado el producto de 6 por $7x$ se tiene:

$$36x^2 - 6(7x) - 18$$

Pero $36\,x^2 = (6x)^2$ y $6\,(7x) = 7\,(6x)$, luego se puede escribir:

$$(6x)^2 - 7(6x) - 18$$

Descomponiendo este trinomio según se vio en el caso anterior, el 1er. término de cada factor será la raíz cuadrada de $(6x)^2$ o sea $6x$:

$$(6x - \quad)(6x + \quad)$$

Dos números cuya diferencia sea 7 y cuyo producto sea 18 son 9 y 2. Tendremos:

$$(6x - 9)(6x + 2)$$

Como al principio multiplicamos el trinomio dado por 6, ahora tendremos que dividir por 6, para no alterar el trinomio y tendremos: $\frac{(6x-9)(6x+2)}{6}$ pero como ninguno de los binomios es divisible por 6, descomponemos 6 en 2 x 3 y dividiendo (6x - 9) entre 3 y (6x + 2) entre 2 se tendrá:

$$\frac{(6x - 9)(6x + 2)}{(3)(2)} = \frac{3(2x - 3)\,2(3x + 1)}{(3)(2)} = (2x - 3)(3x + 1)$$

De donde se obtiene la solución:

$$\mathbf{6x^2 - 7x - 3 = (2x - 3)(3x + 1)}$$

2) Factorar: $12x^2y^2 + xy - 20$

Multiplicando por 12:

$$(12xy)^2 + 12xy - 240$$

Factorando este trinomio:

$$(12xy + 16)(12xy - 15)$$

Dividiendo por 12:

$$\frac{(12xy + 16)(12xy - 15)}{(4)(3)} = (3xy + 4)(4xy - 5)$$

TALLER 11.

Factorar:

1) $30x^2 + 3x - 2$

2) $12x^2 - 7x - 12$

3) $20y^2 + y - 1$

4) $12m^2 - 13m - 35$

5) $44n + 20n^2 - 15$

6) $8x^2 - 14x - 15$

7) $6x^4 + 5x^2 - 6$

8) $4x^2 + 7mnx - 15m^2n^2$

9) $21x^2 - 29xy - 72y^2$

10) $6m^2 - 13am - 15a^2$

11) $30 + 13a - 3a^2$

12) $11xy - 6y^2 - 4x^2$

6.8 CASO VIII: CUBO PERFECTO DE BINOMIOS

Estos son de la forma:

$$(a + b)^3 = a^3 + 3a^2b + 3ab^2 + b^3$$

$$(a - b)^3 = a^3 - 3a^2b + 3ab^2 - b^3$$

Lo anterior nos dice que para que **una expresión algebraica ordenada con respecto a una letra** sea el cubo de un binomio, tiene que cumplir las siguientes condiciones:

1) Tener cuatro términos
2) Que el primer término y el último término sean cubos perfectos.
3) Que el 2do término sea más o menos el triplo del cuadrado de la raíz cúbica del primer término multiplicado por la raíz cúbica del último término.
4) Que el 3er término sea más el triplo de la raíz cúbica del primer término por el cuadrado de la raíz cúbica del último.

Si todos los términos de la expresión son **positivos**, la expresión dada es el **cubo de la suma** de las raíces cúbicas de su primero y último término, y si los términos son **alternativamente positivos y negativos** la expresión dada es el **cubo de la diferencia** de dichas raíces.

6.8.1 RAÍZ CUBICA DE UN MONOMIO

La raíz cúbica de un monomio se obtiene extrayendo la raíz cúbica de su coeficiente y dividiendo el exponente de cada letra entre 3.

Así, la raíz cúbica de $8a^3b^6$ es $2ab^2$. En efecto:
$(2ab^2)^3 = 2ab^2$ x $2ab^2$ x $2ab^2 = 8a^3b^6$

6.8.2 HALLAR SI UNA EXPRESIÓN DADA ES EL CUBO DE UN BINOMIO.

EJEMPLOS:
1) Verificar si $8x^3 + 12x^2 + 6x + 1$ es el cubo de un binomio.

Veamos si cumple las condiciones expuestas antes:
✓ La expresión tiene cuatro términos.

✓ La raíz cúbica de $8x^3$ es $2x$.
✓ La raíz cúbica de 1 es 1

✓ $3(2x)^2(1) = 12x^2$, segundo término.
✓ $3(2x)(1)^2 = 6x$, tercer término.

Cumple las condiciones, y como todos sus términos son positivos, la expresión dada es el cubo de $(2x + 1)$, o de otro modo, $(2x + 1)$ es la raíz cúbica de la expresión.

6.8.3 FACTORAR UNA EXPRESIÓN QUE ES EL CUBO DE UN BINOMIO

EJEMPLO

1) Factorar $1 + 12a + 48a^2 + 64a^3$

Aplicando el procedimiento anterior vemos que esta expresión es el cubo de $(1 + 4a)$; luego:

$$1 + 12a + 48a^2 + 64a^3 = (1 + 4a)^3$$

TALLER 12.

1) $a^3 + 3a^2 + 3a + 1$

2) $8a^3 - 36a^2b + 54ab^2 - 27b^3$

3) $8 + 12a^2 + 6a^4 + a^6$

4) $64x^9 - 125y^{12} - 240x^6y^4 + 300x^3y^8$

5) $27m^3 + 108m^2n + 144mn^2 + 64n^3$

5) $3a^{12} + 3a^6 + a^{18} + 1$

6) $x^9 - 9x^6y^4 + 27x^3y^8 - 27y^{12}$

7) $8 + 36x + 27x^3 + 54x^2$

8) $x^3 - 3x^2 + 3x + 1$

10) $9x^2 - x^3 - 27x + 27$

6.9 CASO IX: SUMA O DIFERENCIA DE CUBOS PERFECTO

Sabemos que:

$$\frac{a^3 + b^3}{a + b} = a^2 - ab + b^2 \quad y \quad \frac{a^3 - b^3}{a - b} = a^2 + ab + b^2$$

Y como en toda división exacta el dividendo es igual al producto del divisor por el cociente, tendremos:

$$a^3 + b^3 = (a + b)(a^2 - ab + b^2) \quad (1)$$

$$a^3 - b^3 = (a - b)(a^2 + ab + b^2) \quad (2)$$

REGLA 1. PARA LA SUMA DE DOS CUBOS PERFECTOS

Se descompone en dos factores de la siguiente forma: 1° La suma de sus raíces cúbicas. 2° El cuadrado de la primera raíz, menos el producto de las dos raíces, más el cuadrado de la segunda raíz.

REGLA 2. PARA LA DIFERENCIA DE DOS CUBOS PERFECTOS

Se descompone en dos factores de la siguiente forma: 1° La diferencia de sus raíces cúbicas. 2° El cuadrado de la primera raíz, más el producto de las dos raíces, más el cuadrado de la segunda raíz.

6.9.1 FACTORAR UNA SUMA O UNA DIFERENCIA DE CUBOS PERFECTOS

EJEMPLOS

1) Factorar: $x^3 + 1$
La raíz cúbica de x^3 es x; la raíz cúbica de 1 es 1.
Según la regla 1 nos queda:

$$x^3 + 1 = (x + 1)[x^2 - x(1) + 1^2] = (x + 1)(x^2 - x + 1)$$

2) Factorar $(a - b)^3 - (a + b)^3$

$(a - b)^3 - (a + b)^3 \quad = [(a - b) - (a + b)][(a - b)^2 + (a - b)(a + b) + (a + b)^2]$
$\qquad\qquad\qquad\qquad = (a - b - a - b)(a^2 - 2ab + b^2 + a^2 - b^2 + a^2 + 2ab + b^2)$
(Reduciendo) $\qquad\quad = (-2b)(3a^2 + b^2)$

TALLER 13.

Descomponer en dos factores:

1) $1 + a^3$
2) $x^6 - 8y^{12}$
3) $27a^3 - b^3$
4) $1 + (x + y)^3$

5) $x^6 - (x + 2)^3$
6) $1 - a^3$
7) $(m - 2)^3 + (m - 3)^3$
8) $a^3b^3 - x^6$

9) $64(m + n)^3 - 125$
10) $8a^3 + 27b^6$
11) $1 - 216m^3$
12) $27x^3 - (x - y)^3$

7. DESIGUALDADES E INTERVALOS

En este capítulo estudiaremos las desigualdades entre números reales con sus propiedades y repasaremos también las inecuaciones. Veremos cómo los procedimientos seguidos en la solución de desigualdades son similares a los usados en la solución de ecuaciones, aunque, existen ciertas excepciones.

7.1 DESIGUALDADES

La afirmación de que una expresión algebraica es mayor que (o menor que), otra expresión algebraica se llama desigualdad. Las expresiones, llamadas *miembros de la desigualdad.* Deben ser números reales. Los símbolos usuales de desigualdad son > y < y se leen, respectivamente, *es mayor que* y *es menor que.*

Si a y b son números reales, la desigualdad a es mayor que b escrita a > b significa que a - b es un número real positivo.

La desigualdad *a es menor que b,* escrita *a < b* significa que *b - a* es un número real positivo.

7.2 PROPIEDADES DE LAS DESIGUALDADES

- Sean $a, b \in \mathbf{R}$. Si $a < b$ y $b < c$, entonces $a < c$

En efecto, $a < b$ y $b < c \rightarrow (b - a) \in R+$ y $(c - b) \in R+$
$$[(b - a) + (c - b)] \in \mathbf{R}^+$$
$$[(b - a + c - b)] \in \mathbf{R}^+$$
$$[(-a + c)] \in \mathbf{R}^+$$
$$[(c - a)] \in \mathbf{R}^+$$
$$a < c$$

Esta propiedad se conoce como *ley transitiva* de la relación <.

- El sentido de una desigualdad no cambia si se suman a ambos miembros de la desigualdad un mismo número real; en símbolos: si $a < b$ entonces $a + c < b + c \, \forall a, b, c \in \mathbf{R}$
En efecto, puesto que $a < b \Rightarrow (b - a) \in \mathbf{R}^+$ entonces para todo número real c, se verifica que: $b - a = b + c - c - a = (b + c) - (c + a)$. Luego $[(b + c) - (c + a)] \in \mathbf{R}^+$ y podemos concluir que $a + c < b + c \, \forall a, b, c \in \mathbf{R}.$

Esta propiedad nos permite afirmar que los términos de una desigualdad se pueden trasponer en la misma forma que en una ecuación.

- El sentido de una desigualdad no cambia si ambos miembros se multiplican por un mismo número real positivo. Esto es, si $a < b$, entonces $ac < bc \, \forall \, c \in \mathbf{R}^+$

En efecto, si $a < b$, $(b - a) \in \mathbf{R}^+$ puesto que $c \in \mathbf{R}^+$, se sigue que $(b - a) \, c \in \mathbf{R}^+$. Multiplicando tenemos que $bc - ac \in \mathbf{R}^+$, y de aquí se concluye que $ac < bc \, \forall \, c \in \mathbf{R}^+$

- El sentido de una desigualdad cambia o se invierte si ambos miembros se multiplican por un mismo número real negativo. Esto es, si $a < b$, entonces $ac > bc \ \forall \ c \in \mathbf{R}^-$

En efecto, si $a < b$, $(b - a) \in \mathbf{R}^+$ puesto que $c \in \mathbf{R}^-$, se sigue que $(b - a) c \in \mathbf{R}^-$. Multiplicando tenemos que $bc-ac \in \mathbf{R}^-$, luego $ac-bc \in \mathbf{R}^+$ y de aquí se concluye que $ac > bc \ \forall \ c \in \mathbf{R}^-$

Muchos teoremas son consecuencias de la definición y de las propiedades anteriores.

TEOREMA 1. *Sean a, b, c, d $\in$ R. Si a < b y c < d, entonces a + c < b + d*

Demostración:

$a < b \ y \ c < d \Rightarrow (b - a) \in \mathbf{R}^+ y (d - c) \in \mathbf{R}^+$

$\qquad \Rightarrow [(b - a) + (d - c)] \in \mathbf{R}^+$
$\qquad \Rightarrow [(b - a + d - c)] \in \mathbf{R}^+$
$\qquad \Rightarrow [(b + d - a - c)] \in \mathbf{R}^+$
$\qquad \Rightarrow [(b + d) - (a + c)] \in \mathbf{R}^+$
$\qquad \quad a + c < b + d$

TEOREMA 1. *Sean a, b $\in$ R. Si a b > 0, entonces (a > 0 y b > 0) o (a < 0 y b < 0)*

Demostración:

Vamos a realizar una demostración por integración.

Caso 1. Ni a ni b pueden ser cero, puesto que si uno de ellos fuera cero se tendría que $ab = 0$, lo cual es contrario a nuestra hipótesis.

Caso 2. Si a o b es positivo, digamos $a > 0$ y si $b < 0$, entonces $ab < 0$, lo cual es contrario a la hipótesis. Se sigue entonces que si a es positivo, entonces b es positivo y si b es positivo, entonces a es positivo.

Caso 3. Si a o b es negativo, digamos $a > 0$, y si $b < 0$, entonces $ab < 0$, lo cual es contrario a la hipótesis. Se sigue pues que si a es negativo o b es negativo, entonces el otro debe ser negativo.

7.3 INTERVALOS FINITOS

Si $a, b, c \in \mathbf{R}$ y son tales que $a < b$ y $b < c$, escribimos $a < b < c$. Cuando esto ocurra decimos que b está ente a y c.

Ejemplo:

Sabemos que $- 1 < 4$ y también que $4 < 7$, entonces $-1 < 4 < 7$, esto es, 4 está entre -1 y 7.

Decimos que $a \leq b$ si ocurre una de las siguientes situaciones: $a < b$ (1); $a = b$ (2), es decir que a es menor que b o a es igual a b.

En forma similar a la anterior a $\geq$ b significa que a > b o a = b.

Si se tiene a ≤ b y b ≤ c, podemos en consecuencia escribir a ≤ b ≤ c

Estudiaremos ahora ciertos tipos de subconjuntos del conjunto de **R** de los números reales que son de gran importancia en el cálculo diferencial e integral.

Puesto que hemos identificado los reales con los puntos de una recta, estos subconjuntos pueden ser mirados como subconjuntos de dicha recta, y estarán determinados por desigualdades y algunos de ellos recibirán el nombre de *intervalos*.

7.3.1 INTERVALO CERRADO

Sean a, b números reales tales que $a < b$. si x es un número real tal que $a \leq x$ y $x \leq b$, es decir, $a \leq x \leq b$, entonces el conjunto $\{x \in \mathbf{R} \,/\, a \leq x \leq b\}$ o sea el conjunto de todos los números reales que son mayores o iguales que a y menores o iguales que b se llama ***intervalo cerrado*** de extremos a y b y se denota por **[*a, b*]**.

Luego **[a, b] = {x ∈ R / a ≤ x ≤ b}**

Ejemplo: El intervalo cerrado de extremos -2 y 3 es $[-2, 3] = \{x \in \mathbf{R} \,/\, -2 \leq x \leq 3\}$ Gráficamente, en la recta numérica sería:

7.3.2 INTERVALO ABIERTO

Sean a, b números reales tales que $a < b$. si x es un número real tal que $a < x$ y $x < b$, es decir, $a < x < b$, entonces el conjunto $\{x \in \mathbf{R} \,/\, a < x < b\}$ o sea el conjunto de todos los números reales que son mayores que a y menores que b se llama ***intervalo abierto*** de extremos a y b y se denota por **(*a, b*)**.

Luego **(a, b) = {x ∈ R / a < x < b}**

Ejemplo: El intervalo abierto de extremos -1 y 2 es $(-1, 2) = \{x \in \mathbf{R} \,/\, -1 < x < 2\}$ Gráficamente, en la recta numérica sería:

7.3.3 INTERVALO ABIERTO A LA DERECHA

Sean *a, b* números reales tales que *a* < *b*. si *x* es un número real tal que $a \leq x$ y $x < b$, es decir, $a \leq x < b$, entonces el conjunto $\{x \in \mathbf{R} \ / \ a \leq x < b\}$ o sea el conjunto de todos los números reales que son mayores o iguales que *a* y menores que *b* se llama ***intervalo abierto a la derecha*** de extremos *a* y *b* y se denota por **[*a, b*)**.

Luego [a, b) = {x ∈ R / a ≤ x < b}

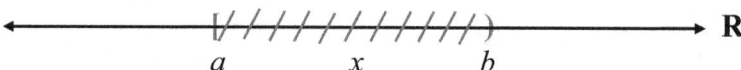

Ejemplo: El intervalo abierto a la derecha de extremos -2 y 4 es [-2, 4) = $\{x \in \mathbf{R} \ / \ -2 \leq x < 4\}$ Gráficamente, en la recta numérica sería:

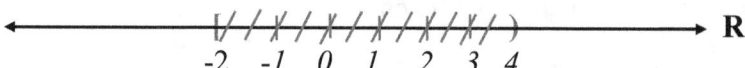

7.3.4 INTERVALO ABIERTO A LA IZQUIERDA

Sean *a, b* números reales tales que *a* < *b*. si *x* es un número real tal que $a < x$ y $x \leq b$, es decir, $a < x \leq b$, entonces el conjunto $\{x \in \mathbf{R} \ / \ a < x \leq b\}$ o sea el conjunto de todos los números reales que son mayores que *a* y menores o iguales que *b* se llama ***intervalo abierto a la izquierda*** de extremos *a* y *b* y se denota por **(*a, b*]**.

Luego (a, b] = {x ∈ R / a < x ≤ b}

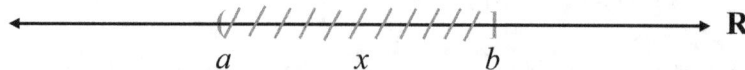

Ejemplo: El intervalo abierto a la izquierda de extremos -2 y 3 es (-2, 3] = $\{x \in \mathbf{R} \ / \ -2 < x \leq 3\}$ Gráficamente, en la recta numérica sería:

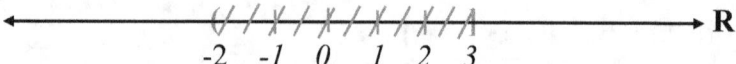

7.3.5 INTERVALOS INFINITOS

- Sea $a \in \mathbf{R}$, el conjunto de todos los números reales que son mayores o iguales que *a*, es decir $\{x \in \mathbf{R} \ / \ a \leq x\}$ se denota por $[a. \infty)$

Ejemplo: El conjunto de todos los números reales mayores o iguales que 5 lo representamos por $[5, \infty)$, gráficamente, en la recta numérica, tendríamos:

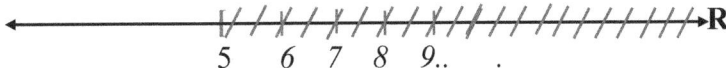

5   6   7   8   9..   .

El intervalo [a. ∞) lo indicamos en la siguiente recta numérica:

a

- Sea $a \in \mathbf{R}$, el conjunto de todos los números reales que son mayores que a, es decir $\{x \in \mathbf{R} / a < x\}$ se denota por $(a. \infty)$

Ejemplo: El conjunto de todos los números reales mayores que 7 lo representamos por $(7, \infty)$, gráficamente, en la recta numérica, sería:

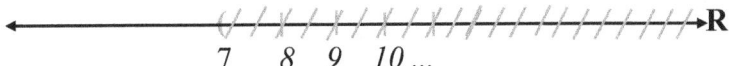

7   8   9   10 ...

El intervalo $(a. \infty)$ lo indicamos en la siguiente recta numérica:

a

- Sea $a \in \mathbf{R}$, el conjunto de todos los números reales que son menores o iguales que a, es decir $\{x \in \mathbf{R} / x \leq a\}$ se denota por $(-\infty, a]$

Ejemplo: El conjunto de todos los números reales menores o iguales que - 2 lo representamos por $(-\infty, -2]$, gráficamente, en la recta numérica, tendríamos:

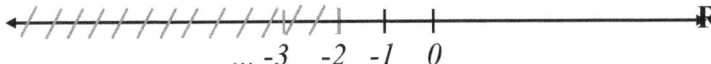

... -3   -2   -1   0

El intervalo $(-\infty, a]$ lo indicamos en la siguiente recta numérica:

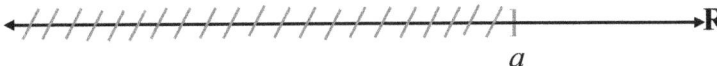

a

- Sea $a \in \mathbf{R}$, el conjunto de todos los números reales que son menores que a, es decir $\{x \in \mathbf{R} / x < a\}$ se denota por $(-\infty, a)$

Ejemplo: El conjunto de todos los números reales menores que 1 lo representamos por (-∞, 1), gráficamente, en la recta numérica, tendríamos:

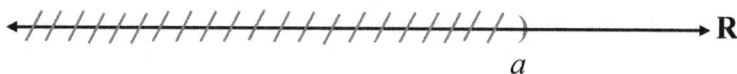

El intervalo (- ∞, *a*) lo indicamos en la siguiente recta numérica:

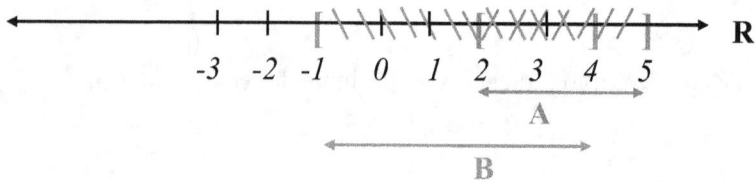

7.4 OPERACIONES CON INTERVALOS

Por ser los intervalos subconjuntos de los **R** de los números reales están definidas para ellos las operaciones entre conjuntos, es decir, la unión, intersección, diferencias y diferencia simétrica. Ejemplos:

- *Ejemplo 1)* Sean A = [2, 5] y B = [-1, 4]

Hallar: a) A∪B b) A∩B c) A - B d) B - A y e) A Δ B

Solución:
a) A∪B = [2, 5] ∪ [-1, 4] = [-1, 5] (ver la gráfica)

b) A∩B = [2, 5] ∩ [-1, 4] = [2, 4] (ver la gráfica)

c) A - B = [2, 5] - [-1, 4] = (4, 5] (ver la gráfica)

d) B - A = [-1, 4] - [2, 5] = [-1, 2) (ver la gráfica)

e) A Δ B = [2, 5] Δ [-1, 4] = (A∪B) - (A∩B) = [-1, 2) ∪ (4, 5]

- *Ejemplo 2)* Sean A = (0, 6] y B = (2, 5)

Hallar: a) A∪B b) A∩B c) A - B d) B - A y e) A Δ B

Solución:

a) A∪B = (0, 6] ∪ (2, 5) = (0, 6] (ver la gráfica)

b) A∩B = (0, 6] ∩ (2, 5) = (2, 5) (ver la gráfica)

c) A - B = (0, 6] - (2, 5) = (0, 2] ∪ [5, 6]   (ver la gráfica)

d) B - A = (2, 5) - (0, 6] = ∅ (ver la gráfica)

e) A Δ B = (0, 6] Δ (2, 5) = (A∪B) - (A∩B) = (0, 2] ∪ [5, 6]

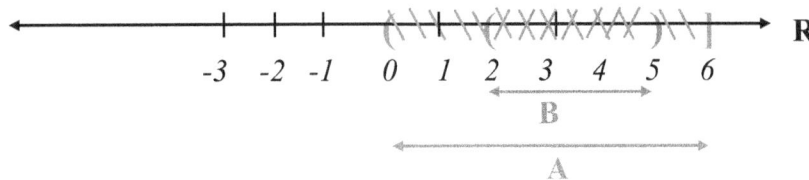

7.5 DESIGUALDADES CONDICIONALES

Una desigualdad es condicional si es satisfecha por algunos número reales solamente, es decir por todos los elementos de un subconjunto propio de **R.**

Ejemplo:

$x + 7 > 0$ es una desigualdad condicionada ya que el conjunto solución es
$S=\{x \in \mathbf{R} / x > -7\}$

Los siguientes ejemplos ilustran el uso de las propiedades en la solución de desigualdades condicionales que llamamos *inecuaciones.*

Ejemplos:

1. Hallar el conjunto solución de la desigualdad $3x + 2 < 2x + 4$
Solución

$3x + 2 < 2x + 4 \Leftrightarrow 3x < 2x + 2$ sumando - 2 a ambos miembros
$\Leftrightarrow x < 2$ sumando - 2x a ambos miembros

Luego el conjunto solución es $S=\{x \in \mathbf{R} / x < 2\} = (-\infty, 2)$

2. Hallar el conjunto solución de $4x - 2 > 6$

Solución

$4x - 2 > 10 \Leftrightarrow 4x > 12$ sumando 2 a ambos miembros
$\Leftrightarrow x > 3$ multiplicando ambos miembros por ¼

Luego el conjunto solución es $S=\{x \in \mathbf{R} / x > 3\} = (3, \infty)$

3. Hallar el conjunto solución de $2x - 3 \geq -2$

Solución

$2x - 3 \geq -2 \Leftrightarrow 2x \geq 1$ sumando 3 a ambos miembros

$\qquad\qquad \Leftrightarrow x \geq \frac{1}{2}$ multiplicando ambos miembros por $\frac{1}{2}$

Luego el conjunto solución es $S = \{x \in \mathbf{R} / x \geq \frac{1}{2}\} = [\frac{1}{2}, \infty)$

4. Hallar el conjunto solución de la inecuación $(2x + 5)(x - 3) > 0$

Solución

Por el teorema 1 sabemos que $a\,b > 0$, entonces $(a > 0$ y $b > 0)$ o $(a < 0$ y $b < 0)$. Si $(2x + 5)(x - 3) > 0$, entonces se tiene que

$$(2x + 5)(x - 3) > 0 \Leftrightarrow \begin{cases} 2x + 5 > 0 \\ y \\ x - 3 > 0 \end{cases} (1) \quad \text{o} \quad \begin{cases} 2x + 5 < 0 \\ y \\ x - 3 < 0 \end{cases} (2)$$

Por tanto,

$$(2x + 5)(x - 3) > 0 \Leftrightarrow \begin{cases} x > -\dfrac{5}{2} \\ y \\ x > 3 \end{cases} (1) \quad \text{o} \quad \begin{cases} x < -\dfrac{5}{2} \\ y \\ x < 3 \end{cases} (2)$$

Seguidamente buscamos los valores de x que satisfacen las desigualdades:

$x > -5/2$ y $x > 3$, el conjunto solución de las inecuaciones obtenidas en (1) es:

$S_1 = (-5/2, \infty) \cap (3, \infty) = (3, \infty)$

ó

$x < -5/2$ y $x < 3$, el conjunto solución de las inecuaciones obtenidas en (2) es:
$S_2 = (-\infty, -5/2) \cap (-\infty, 3) = (-\infty, -5/2)$

Por último, el conjunto solución es:

$$S = S_1 \cup S_2 = (-\infty, -5/2) \cup (3, \infty)$$

- **Un método alternativo para encontrar la solución de la inecuación** $(2x + 5)(x - 3) > 0$ **es el siguiente:**

a) Representamos gráficamente cada uno de los factores de la inecuación.
b) Observamos los valores de x que hacen que el producto cumpla con la desigualdad pedida.
c) Se representa en una recta numérica el conjunto solución.

Así, buscamos los ceros relativos

$2x + 5 > 0$ para todos los valores $x > -5/2$
$2x + 5 < 0$ para todos los valores $x < -5/2$
$x - 3 > 0$ para todos los valores $x > 3$
$x - 3 < 0$ para todos los valores $x < 3$

Gráficamente sería:

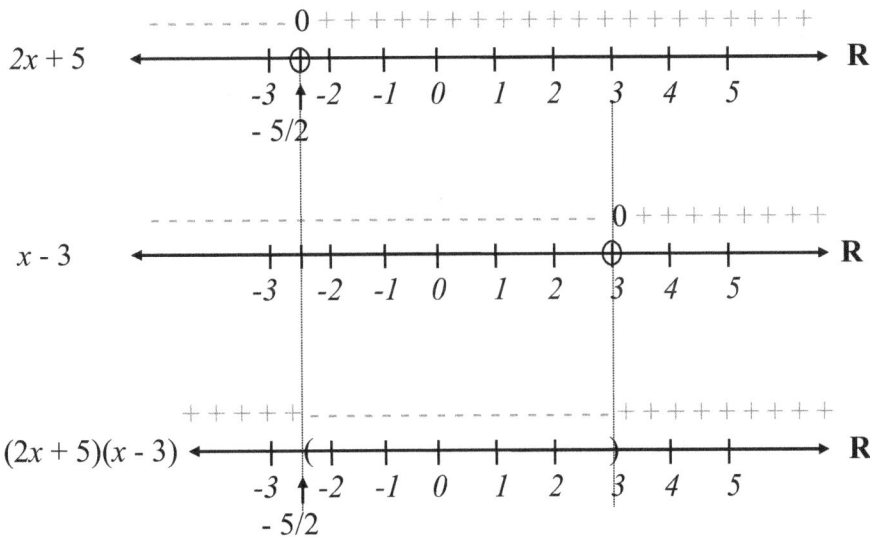

Por último, el conjunto solución es:

$$S = (-\infty, -5/2) \cup (3, \infty)$$

los cuales cumplen con la condición de que $(2x + 5)(x - 3) > 0$

5. Hallar el conjunto solución de la inecuación

$$\frac{x - 4}{x + 7} \geq 0$$

SOLUCIÓN:

Es necesario observar que x no puede tomar el valor de -7

$x - 4 \geq 0$ para todos los valores $x \geq 4$
$x - 4 \leq 0$ para todos los valores $x \leq 4$
$x + 7 > 0$ para todos los valores $x > -7$
$x + 7 < 0$ para todos los valores $x < -7$

Gráficamente sería:

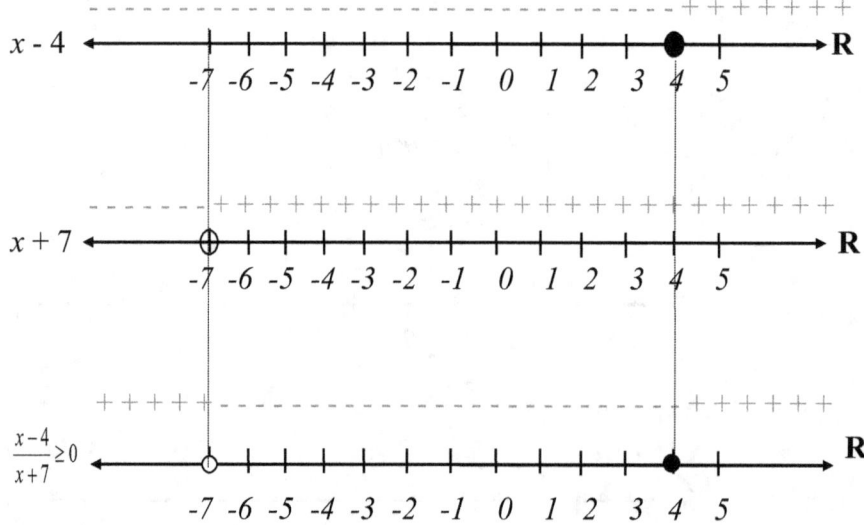

Por último, el conjunto solución es: $S = (-\infty, -7) \cup [4, \infty)$, los cuales cumplen con la condición de que $\frac{x-4}{x+7} \geq 0$

1. Utilizando la notación de intervalos, encontrar en cada uno de los siguientes ejercicios el conjunto correspondiente y represéntalo gráficamente.

$a)\ [-3, 7] \cup [2, 6]$

$b)\ [2, 4] \cup [3, 10]$

$c)\ [0, 3] \cup [\text{-}7, 1]$

$d)\ [2, 6] - (\text{-}3, 7)$

$e)\ (6, 9] \cap [7, 10)$

$f)\ (-\infty, 8) \cup [\text{-}5, 0]$

$g)\ \left(-\dfrac{1}{2}, 5\right) \cap \left[\dfrac{3}{2}, 9\right]$

$h)\ \left[\dfrac{\text{-}3}{4}, 2\right] \Delta [-1, 5]$

$i)\ [\text{-}8, 3) \Delta [3, 5)$

$j\ [\text{-}3, 6) \Delta (6, 10]$

$k)\ [\text{-}7, 5/3] - [1/2, 3]$

$l)\ [\text{-}8, 0] - (0, 5)$

$m)\ [1, 4) \Delta (2, 5]$

$n)\ (1, 5) \Delta (1, 5)$

$o)\ [\text{-}7, 0] \Delta [\text{-}2, 3]$

2. Hallar los ceros relativos de los siguientes factores lineales y representar los signos en la recta numérica (real).

$a)\ 3x - 4 \qquad b)\ 16x + 8 \qquad c)\ x + 7 \qquad d)\ \dfrac{3}{4}x - \dfrac{1}{2}$

3. Hallar el conjunto solución de las siguientes inecuaciones:

$a)\ 2x + 4 > 3x + 2$

$b)\ 3x - 5 < 4$

$c)\ x + 5 < \dfrac{1}{2}x - 8$

$d)\ -x + 3 \leq \dfrac{-2}{3}x - 9$

$e)\ -5x - \dfrac{1}{4} \geq 3 - x$

$f)\ \dfrac{2-7x}{-3} \leq \dfrac{2x - 3}{4}$

$g)\ \dfrac{x}{2} + \dfrac{x}{3} > 7$

$h)\ \dfrac{5x - 3}{-4} \leq \dfrac{4x - 5}{3}$

$l)\ x^2 - 5x + 6 > 0$

$m)\ (x + 3)(x - 5)(x + 2) < 0$

$n)\ x^2 + x - 12 < 0$

$o)\ 2x^2 + 5x - 3 > 0$

$p)\ 2x^2 + 7x - 15 \geq 0$

$q)\ x^3 - 5x^2 - 6x < 0$

$r)\ 4x^2 - 5x - 6 < 0$

8. VALOR ABSOLUTO

8.1. VALOR ABSOLUTO DE UN NUMERO REAL

Con cada número real a existe asociado un número real no negativo llamado ***el valor absoluto de a***, el cual se denota por $|a|$ y se define como sigue:

$$|a| = \begin{cases} a, & \text{si } a \geq 0 \\ -a, & \text{si } a < 0 \end{cases}$$

Claramente en términos de esta definición se tiene que $|3| = 3$, $|-7| = -(-7) = 7$, $|0| = 0$. Geométricamente el valor absoluto de un número real a, es interpretado como la distancia entre el origen 0 y el punto que representa al número real a sobre la recta numérica.

TEOREMA 1. $\forall a \in \mathbf{R}, \ |a| \geq 0$

Demostración:

Caso 1. $a > 0$. $a > 0 \Rightarrow |a| = a$. Concluimos que $|a| > 0$.

Caso 2. $a = 0$. $a = 0 \Rightarrow |a| = |0| = 0$.

Caso 3. $a < 0$. $a < 0 \Rightarrow |a| = -a$. Por ser $a < 0$, entonces $-a > 0$ y concluimos que $|a| > 0$.

Integrando los tres casos anteriores se tiene que: $\forall a \in \mathbf{R}, \ |a| \geq 0$

TEOREMA 2. $\forall a \in \mathbf{R}, a \leq |a|$

Demostración:
Caso 1. $a \geq 0$. $a \geq 0 \Rightarrow |a| = a$
Caso 2. $a < 0$. $a < 0 \Rightarrow |a| = -a$. Por ser $a < 0$, entonces $-a > 0$ Por tanto $a < 0 < -a = |a|$.
Integrando los casos 1 y 2 concluimos que $\forall a \in \mathbf{R}, a \leq |a|$

TEOREMA 3. $\forall a \in \mathbf{R}, |a|^2 = a^2$
Demostración:
Sabemos que $|a|^2 = |a| \cdot |a|$

Caso 1. $a \geq 0$. $a \geq 0 \Rightarrow |a| = a$. Entonces, $|a|^2 = |a| \ |a| = a \cdot a = a^2$

Caso 2. $a < 0$. $a < 0 \Rightarrow |a| = -a$. Entonces, $|a|^2 = |a| \ |a| = (-a) \cdot (-a) = a^2$

Integrando los casos 1 y 2 concluimos que $\forall a \in \mathbf{R}, |a|^2 = a^2$

TEOREMA 4. $\forall a, b \in R, |a\,b| = |a|\,|b|$

Demostración:

Por definición tenemos:

$$|a| = \begin{cases} a, & \text{si } a \geq 0 \\ -a, & \text{si } a < 0 \end{cases}$$

$$|b| = \begin{cases} b, & \text{si } b \geq 0 \\ -b, & \text{si } b < 0 \end{cases}$$

Y en consecuencia existen cuatro casos posibles a saber:

Caso 1. $a \geq 0$ y $b \geq 0$.

$a \geq 0$ y $b \geq 0 \Rightarrow a\,b \geq 0$. Entonces por definición $|a\,b| = a\,b$ y como $|a| = a$ y $|b| = b$, claramente se tiene que $|a\,b| = a\,b = |a|\,|b|$.

Caso 2. $a \geq 0$ y $b < 0$.

De $a \geq 0$ y $b < 0$. Vemos que $a\,b \leq 0$. Entonces $|a\,b| = -a\,b = a\,(-b)$ y como $|a| = a$ y $|b| = -b$, claramente se sigue que $|a\,b| = |a|\,|b|$.

Caso 3. $a < 0$ y $b \geq 0$.

De $a < 0$ y $b \geq 0$. Se tiene que $a\,b \leq 0$. Entonces $|a\,b| = -a\,b = (-a)\,b$ y como $|a| = -a$ y $|b| = b$, entonces $|a\,b| = (-a)\,b = |a|\,|b|$.

Caso 4. $a < 0$ y $b < 0$.

De $a < 0$ y $b < 0$ se sigue que $a\,b > 0$ y por tanto $|a\,b| = a\,b = (-a)(-b)$. Entonces, como $|a| = -a$ y $|b| = -b$, entonces $|a\,b| = (-a)\,(-b) = |a|\,|b|$

Hemos demostrado que el valor absoluto de un producto de dos números reales es igual al producto de los valores absolutos, es decir, $\forall a, b \in R, |a\,b| = |a|\,|b|$

TEOREMA 5. $\forall a, b \in R, |a + b| \leq |a| + |b|$

Demostración

Sabemos por el *teorema 3* que $|a + b|^2 = (a + b)^2$ \qquad (1).

Y por el *teorema 2*, que $a\,b \leq |a\,b|$. Además, por el *teorema 4*, se tiene que $a\,b \leq |a\,b| = |a|\,|b|$ \qquad (2)

De (1) tenemos que:

$$|a + b|^2 = (a + b)^2 = a^2 + 2\,a\,b + b^2 = |a|^2 + 2\,a\,b + |b|^2$$

Utilizando (2) tenemos que:

$$|a|^2 + 2\,a\,b + |b|^2 \le |a|^2 + 2\,|a|\,|b| + |b|^2 = (|a| + |b|)^2$$

De lo anterior se obtiene que, $|a+b|^2 \le (|a| + |b|)^2$, De donde se puede concluir, teniendo en cuenta el *teorema 1* que $|a+b| \le |a| + |b|$

TEOREMA 6. $\forall a \in \mathbb{R}, -|a| \le a \le |a|$

Demostración

Caso 1. $a \ge 0$

$a \ge 0 \Rightarrow |a| = a$. Entonces, $|a| \ge 0$ y multiplicando ambos miembros por -1, tenemos $-|a| \le 0$ y así $-|a| \le 0 \le a = |a|$ esto implica que $-|a| \le a \le |a|$

Caso 2. $a < 0$

$a < 0 \Rightarrow |a| = -a$. y por supuesto $-a > 0$, en consecuencia $|a| > 0$.
Entonces, $-|a| < 0$ y $-|a| \quad a < 0 < -a = |a|$ podemos concluir que $-|a| \le a \le |a|$

Por integración de los casos 1 y 2 se obtiene que $\forall a \in \mathbb{R}, -|a| \le a \le |a|$

TEOREMA 7. $b \ge 0, |a| \le b \quad \Leftrightarrow \quad -b \le a \le b$

Demostración

$\Rightarrow$ Supongamos primero que $|a| \le b$.

Como $a \le |a| \quad \forall a \in \mathbf{R}$ por teorema 2, y $|a| \le b$, tenemos por transitividad que $a \le b$ (1).

También multiplicando ambos miembros de $|a| \le b$ por -1 se tiene que $-|a| \ge -b$. Sabemos por el *teorema 6* que $-|a| \le a$. Aplicando transitividad concluimos que $-b \le a$ (2). De (1) y de (2) concluimos que $-b \le a \le b$.

$\Leftarrow$ Inversamente, supongamos que $b \ge 0$ y $-b \le a \le b$. Probemos que $|a| \le b$.

Si $a \ge 0$, entonces $|a| = a$ y como $a \le b$ tenemos que $|a| \le b$.
Si $a < 0$, entonces $|a| = -a$ y como $-b \le a$ tenemos que $b \ge -a$, y por consiguiente $|a| \le b$.

Concluimos que $|a| \le b$.

De $\Rightarrow$ y $\Leftarrow$ se demuestra que: $b \ge 0, |a| \le b \quad \Leftrightarrow \quad -b \le a \le b$

TEOREMA 8. $b \geq 0,\ |a| \geq b \iff -b \geq a$ ó $a \geq b$

TEOREMA 9. $|a| = |b| \iff a = b$ ó $a = -b$

Las demostraciones de los teoremas 8, 9 se dejan al lector.

8.2. ECUACIONES CON VALOR ABSOLUTO

Ejemplo 1.

Hallar el conjunto solución de la ecuación $|x| = 7$

Solución:

De acuerdo con la definición de valor absoluto tenemos:

$$|x| = 7 \iff \begin{cases} x = 7, & \text{si } x \geq 0 \\ -x = 7, & \text{si } x < 0 \end{cases}$$

Con base a lo anterior tenemos las siguientes soluciones: $x = 7$ ó $x = -7$, es decir:
$S = \{-7,\ 7\}$

Ejemplo 2.

Hallar el conjunto solución de la ecuación $|x - 5| = 2$

Solución:

De acuerdo con la definición de valor absoluto tenemos:

$$|x - 5| = 2 \iff \begin{cases} x - 5 = 2, & \text{si } (x - 5) \geq 0 \\ -(x - 5) = 2, & \text{si } (x - 5) < 0 \end{cases}$$

Con base a lo anterior tenemos las siguientes soluciones:

$x - 5 = 2$ despejando x de esta ecuación se obtiene que $x = 7$

$-(x - 5) = 2$, es decir, $-x + 5 = 2$, de donde se obtiene que $x = 3$

Luego el conjunto solución es $S = \{3,\ 7\}$

Ejemplo 3.

Hallar el conjunto solución de la ecuación $|2x + 3| = x + 1$

Solución:

De acuerdo con la definición de valor absoluto tenemos:

64

$$|2x + 3| = x + 1 \Leftrightarrow \begin{cases} 2x + 3 = x + 1, & \text{si } (2x + 3) \geq 0 \\ -(2x + 3) = x + 1, & \text{si } (2x + 3) < 0 \end{cases}$$

Con base a lo anterior tenemos las siguientes soluciones:

2x + 3 = x + 1 despejando *x* de esta ecuación se obtiene que

2x - x = 1 - 3
x = - 2

- (2x + 3) = x + 1, es decir, *- 2x - 3 = x + 1,* de donde se obtiene que

- 2x - x = 1 - 3
- 3x = - 2
x = - 2/3

Luego el conjunto solución es S = { - 2/3, - 2 }

Ejemplo 4.

Hallar el conjunto solución de la ecuación $|x + 4| = |x + 2|$

Solución:

De acuerdo con el teorema 9 tenemos:

$$|x + 4| = |x + 2| \Leftrightarrow \begin{cases} x + 4 = x + 2 & (1) \\ \quad \vee \\ x + 4 = -(x + 2) & (2) \end{cases}$$

La solución de (1) es ϕ, y la solución de (2) es *x = - 3*

Luego el conjunto solución es S = { - 3 }

8. 3. INECUACIONES CON VALOR ABSOLUTO

En la solución de inecuaciones con valor absoluto generalmente se utilizan los teoremas 7 y 8, los cuales han sido demostrados anteriormente. El proceso para seguir es el mismo usado en el capítulo anterior. Veamos algunos ejemplos.

Ejemplo 5

Hallar el conjunto solución de la inecuación $|x| < 4$

Solución

De acuerdo con el ***teorema 7,*** se tiene que $|x| < 4 \Leftrightarrow -4 < x < 4$.

Luego $x \in (-4, 4)$. Entonces el conjunto solución es $S = (-4, 4)$.

Ejemplo 6

Hallar el conjunto solución de la inecuación $|5x| \leq 2$

Solución

De acuerdo con el *teorema 7,* se tiene que:

$$|5x| \leq 2 \Leftrightarrow -2 \leq 5x \leq 2$$
$$\Leftrightarrow -2/5 \leq x \leq 2/5$$
$$\Leftrightarrow x \in [-2/5, 2/5]$$

Luego el conjunto solución es $S = [-2/5, 2/5]$.

Ejemplo 7

Hallar el conjunto solución de la inecuación $|3x - 2| \leq 1/2$

Solución

De acuerdo con el *teorema 7,* se tiene que:

$$|3x - 2| \leq 1/2 \Leftrightarrow -1/2 \leq 3x - 2 \leq 1/2$$
$$\Leftrightarrow 2 - \tfrac{1}{2} \leq 3x \leq 2 + \tfrac{1}{2}$$
$$\Leftrightarrow 3/2 \leq 3x \leq 5/2$$
$$\Leftrightarrow \tfrac{1}{2} \leq x \leq 5/6$$
$$\Leftrightarrow x \in [\tfrac{1}{2}, 5/6]$$

Luego el conjunto solución es $S = [\tfrac{1}{2}, 5/6]$.

Ejemplo 8

Hallar el conjunto solución de la inecuación $|2x - 3| \leq x + 1$

Solución

De acuerdo con el *teorema 7,* se tiene que:

$$|2x - 3| \leq x + 1 \Leftrightarrow \begin{cases} x + 1 \geq 0 \quad (1) \\ \quad \wedge \\ -(x + 1) \leq 2x - 3 \leq x + 1 \quad (2) \end{cases}$$

De (1) se sigue que $x \geq -1 \Rightarrow x \in [-1, \infty)$

Resolviendo (2) vemos que hay dos inecuaciones simultáneas:

$-x - 1 \leq 2x - 3$ y $2x - 3 \leq x + 1$

Al resolverlas encontramos que

$$-x - 1 \le 2x - 3 \iff 2 \le 3x$$
$$\iff 2/3 \le x$$
$$\iff x \in [\, 2/3 \,, \infty\,)$$

Y su conjunto solución es $A = [\, 2/3 \,, \infty\,)$

También, $2x - 3 \le x + 1 \iff x \le 4$
$$\iff x \in (-\infty, 4]$$

Y su conjunto solución es $B = (-\infty, 4]$

Luego la solución de (2) es $A \cap B = [\, 2/3 \,, \infty\,) \cap (-\infty, 4] = [2/3, 4]$

Finalmente, el conjunto solución S está constituido por los números x que satisfacen (1) y (2). Lugo, S = [-1, ∞) ∩ [2/3, 4] = [2/3, 4]

Ejemplo 9

Hallar el conjunto solución de la inecuación $\left|\dfrac{x+3}{x+1}\right| \le 1$

Solución

Sabemos que x no puede tomar el valor de -1 puesto que $x + 1 = 0$ y se tendría una división por cero.

Del *teorema 7,* se sigue que: $\left|\dfrac{x+3}{x+1}\right| \le 1 \iff -1 \le \dfrac{x+3}{x+1} \le 1$

Tenemos en consecuencia dos inecuaciones simultáneas, a saber

$$(1) \;\; -1 \le \frac{x+3}{x+1} \qquad (2) \;\; \frac{x+3}{x+1} \le 1$$

Resolvamos (1). Sumemos 1 a ambos miembros para obtener

$$\frac{x+3}{x+1} + 1 \ge 0 \iff \frac{2x+4}{x+1} \ge 0$$

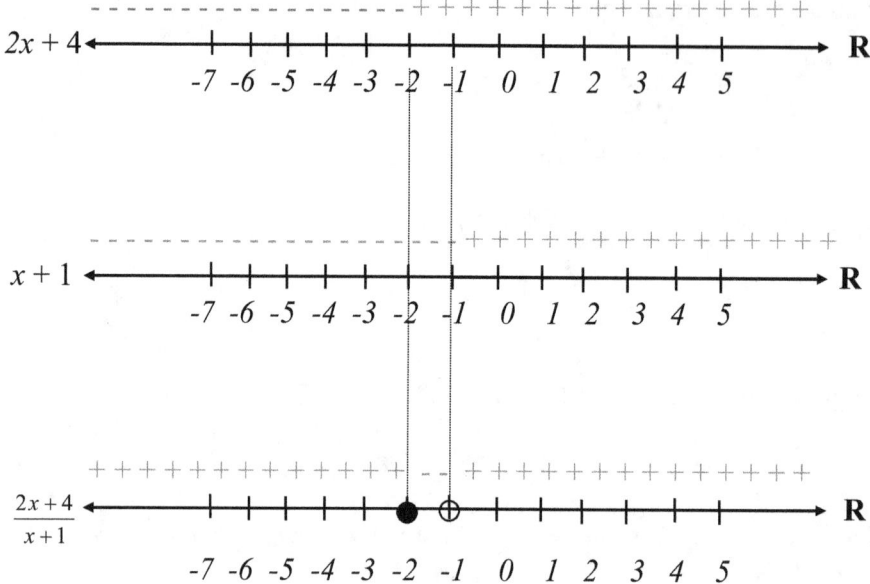

$$A = \left\{ x \in R/ \ \frac{2x+4}{x+1} \geq 0 \right\} = (-\infty, 2] \cup (-1, \infty)$$

Ahora debemos resolver (2). Tenemos

$$\frac{x+3}{x+1} \leq 1 \quad \Leftrightarrow \quad \frac{x+3}{x+1} - 1 \leq 0 \quad \Leftrightarrow \quad \frac{2}{x+1} \leq 0$$

Como $2 > 0$, se sigue que $x + 1 < 0 \Rightarrow x < -1 \Rightarrow x \in (-\infty, -1)$.

Entonces el conjunto solución está constituido por todos los valores x que satisfacen (1) y (2). Es decir:
$$S = A \cap (-\infty, -1) = ((-\infty, -2] \cup (-1, \infty)) \cap (-\infty, -1) = (-\infty, -2]$$
Ejemplo 10

Hallar el conjunto solución de la inecuación $\ |3x + 1| < 2|x - 6|$

Solución

Esta desigualdad la manejaremos de la siguiente forma

$$\begin{aligned}
|3x + 1| < 2|x - 6| \quad &\Leftrightarrow \quad |3x + 1| < |2x - 12| \\
&\Leftrightarrow \quad (3x + 1)^2 < (2x - 12)^2 \\
&\Leftrightarrow \quad 9x^2 + 3x + 1 < 4x^2 - 48x + 144 \\
&\Leftrightarrow \quad 5x^2 + 54x - 143 < 0 \\
&\Leftrightarrow \quad (5x - 11)(x + 13) < 0
\end{aligned}$$

Los puntos de separación para esta desigualdad cuadrática son - 13 y 11/5; ellos dividen al eje en tres intervalos (- ∞, - 13), (- 13, 11/5) y (11/5, ∞). Donde sólo los puntos de (- 13, 11/5) satisfacen la desigualdad.

- **REPASO DE CONCEPTOS**

1. La desigualdad $|x - 2| \leq 3$ es equivalente a: _____

2. La desigualdad del triángulo dice : _____

3. ¿Cuál de los equivalentes enunciados son siempre ciertos?

$$a) \; |-x| = x \qquad\qquad b) \; |x|^2 = x^2$$

$$c) \; |x\,y| = |x|\,|y| \qquad\qquad d) \; |x - y| \geq |x| - |y|$$

$$e) \; |x| \leq |x - y| + |y| \qquad f) \; \sqrt{x^2} = x$$

4. Para estar seguros de que $|5x - 20| < 0,2$ necesitamos que $|x - 4| <$ _____

- **PROBLEMAS**

En los problemas del 1 al 12 encuentre el conjunto solución de las desigualdades dadas:

1. $|x + 1| < 4$ 2. $|x - 2| < 5$ 3. $|3x + 4| < 8$

4. $|2x - 7| < 3$ 5. $\left|\dfrac{x}{3} - 2\right| \leq 6$ 6. $\left|\dfrac{3x}{5} + 1\right| \leq 4$

7. $|2x - 7| > 3$ 8. $|5x - 6| > 1$ 9. $|4x + 2| \geq 10$

10. $\left|\dfrac{x}{2} + 7\right| \geq 2$ 11. $\left|2 + \dfrac{5}{x}\right| > 1$ 12. $\left|\dfrac{1}{x} - 3\right| > 6$

En los problemas del 13 al 16 demuestre que la implicación indicada es verdadera

$$13.\ |x - 3| < 0{,}5 \quad \Rightarrow \quad |5x - 15| < 2{,}5$$

$$14.\ |x + 2| < 0{,}3 \quad \Rightarrow \quad |4x + 8| < 1{,}2$$

$$15.\ |x - 2| < \frac{\varepsilon}{6} \quad \Rightarrow \quad |6x - 12| < \varepsilon$$

$$16.\ |x + 4| < \frac{\varepsilon}{2} \quad \Rightarrow \quad |2x + 8| < \varepsilon$$

En los problemas del 17 al 20 encuentre δ, (que dependa de ε) de modo que la implicación sea verdadera.

$$17.\ |x - 5| < \delta \quad \Rightarrow \quad |3x - 15| < \varepsilon$$

$$18.\ |x - 2| < \delta \quad \Rightarrow \quad |4x - 8| < \varepsilon$$

$$19.\ |x + 6| < \delta \quad \Rightarrow \quad |6x + 36| < \varepsilon$$

$$20)\ |x + 5| < \delta \quad \Rightarrow \quad |5x + 25| < \varepsilon$$

9. EL SISTEMA RECTANGULAR DE COORDENADAS

9.1 EJES DE COORDENADAS

En un plano $\mathcal{P}$ escojamos un par de rectas perpendiculares, una horizontal y otra vertical. La horizontal se llama el eje x y la vertical el eje y (Ver la fig. Siguiente)

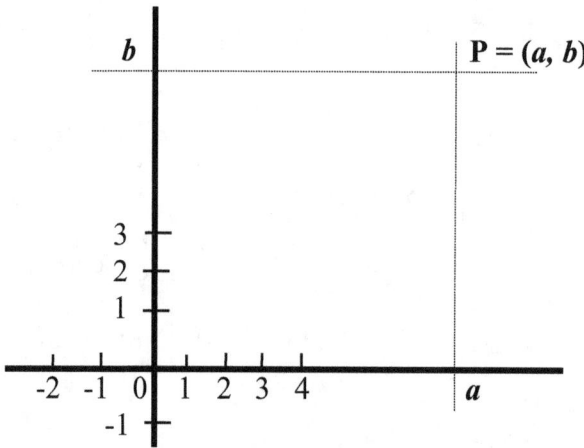

Ahora tomamos un sistema lineal de coordenadas sobre cada una de ellas, con las condiciones siguientes: El origen para ambas será el punto 0 donde se cortan. El eje x está orientado de izquierda a derecha y el eje y de abajo arriba. La parte del eje x con coordenadas positivas (la derecha) se llama **eje x positivo** y la parte del eje y con coordenadas positivas (la superior) se llama **eje y positivo.**

Estableceremos una correspondencia entre los puntos del plano $\mathcal{P}$ y los pares de números reales.

9.2 COORDENADAS

Sea **P** cualquier punto del plano (ver figura anterior). La recta vertical que pasa por **P** corta al eje x en un solo punto; sea a la coordenada de este punto sobre x. El número a se llama coordenada x de **P** (*o abscisa de* **P**). La recta horizontal que pasa por **P** corta al eje y en un solo punto, sea b su coordenada sobre el eje y. El número b se llama *coordena y* de **P** (*u ordenada de* **P**). De esta forma, todo punto **P** tiene un único par (a, b) de números reales asociados con él. Recíprocamente, todo par (a, b) de números reales está asociado con un único punto en el plano.

Ejemplo: En el sistema de coordenadas:

- Para hallar el punto de coordenadas (2, 3) partimos del origen, no movemos dos unidades a la *derecha* y luego tres *hacia arriba*.

- Para hallar el punto de coordenadas (- 4, 2) partimos del origen, nos movemos cuatro unidades a la *izquierda* y luego dos hacia *arriba*.

- Para localizar el punto (- 3, - 1) partimos del origen, nos movemos tres unidades a la *izquierda* y luego una *hacia abajo*.

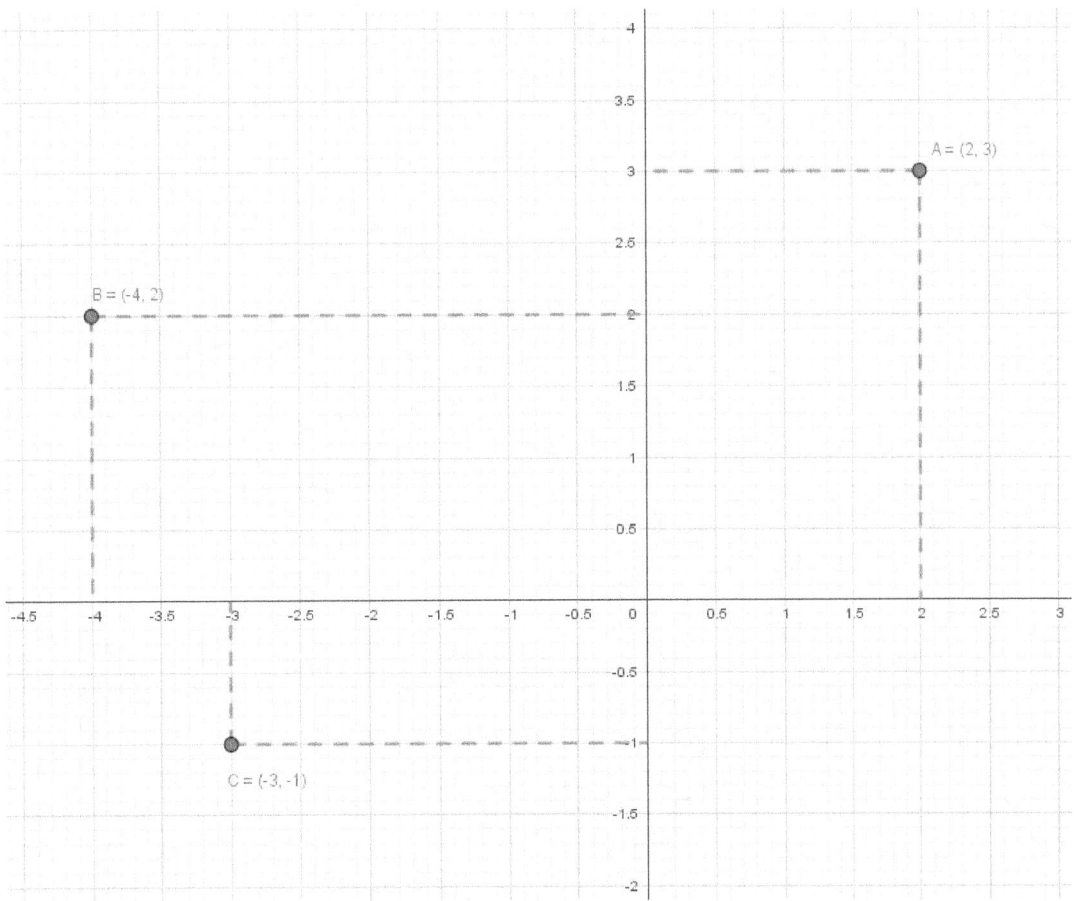

9.3 CUADRANTES

Sea un plano $\mathcal{P}$ en el que hemos definido un sistema de coordenadas. El plano, exceptuados los ejes coordenados, se puede dividir en cuatro partes iguales, llamada *cuadrantes*. Todos los puntos con ambas coordenadas positivas forman el primer cuadrante, o *Cuadrante I*, en la parte superior derecha. El *Cuadrante II* es el de los puntos con coordenada x negativa y coordenada y positiva. *Los cuadrantes III y IV* se indican en la siguiente figura:

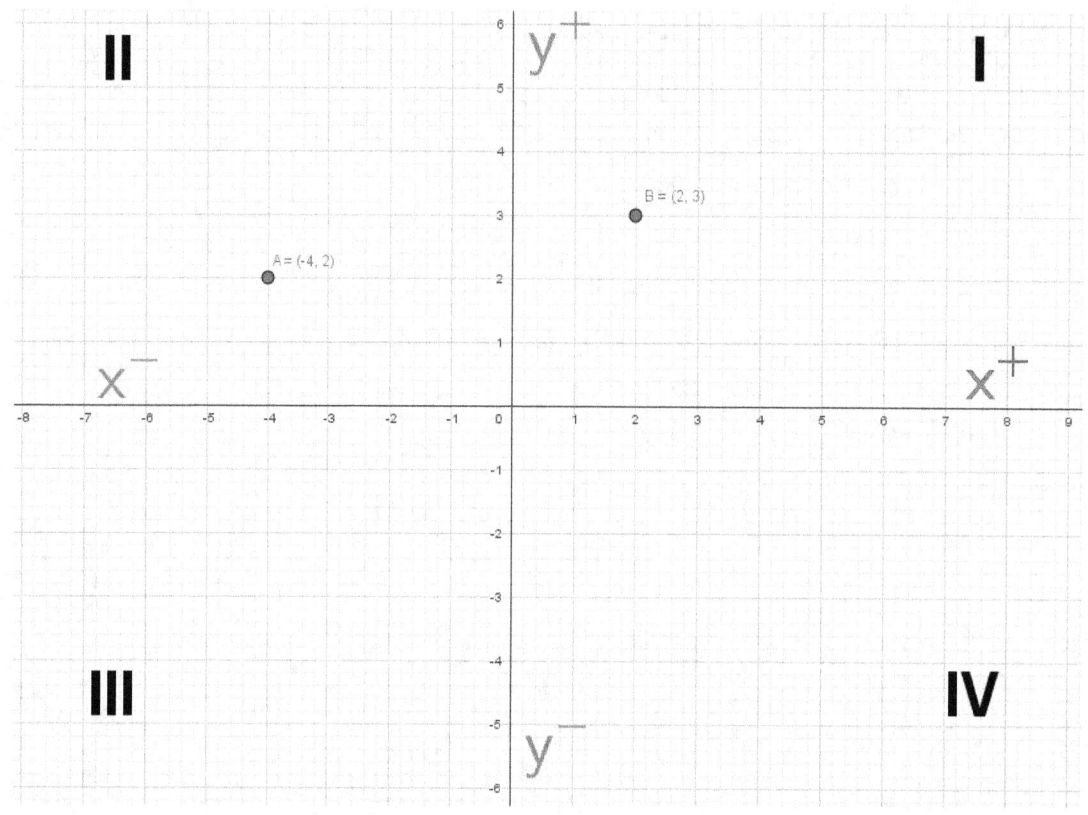

9.4 FORMULA DE LA DISTANCIA

La distancia $\overline{P_1 P_2}$ entre los puntos P_1 y P_2 con coordenadas (x_1, y_1) y (x_2, y_2) es:

$$\overline{P_1 P_2} = \sqrt{(x_2 - x_1)^2 + (y_2 - y_1)^2}$$

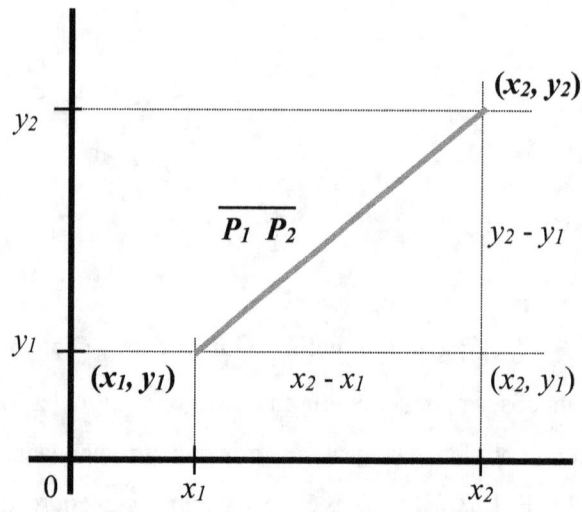

EJEMPLO:

- La distancia entre (2, 5) y (7, 17) es:

Para calcular la distancia entre los dos puntos realizamos los siguientes pasos:

Renombramos los puntos, esto es: P1= (2, 5) y P2 = (7, 17).

Usamos la fórmula de la distancia:

$$\overline{P_1P_2} = \sqrt{(7-2)^2 + (17-5)^2} = \sqrt{(5)^2 + (12)^2} = \sqrt{25+144} = \sqrt{169} = 13$$

- La distancia entre (- 1, 2) y (- 3, 5)

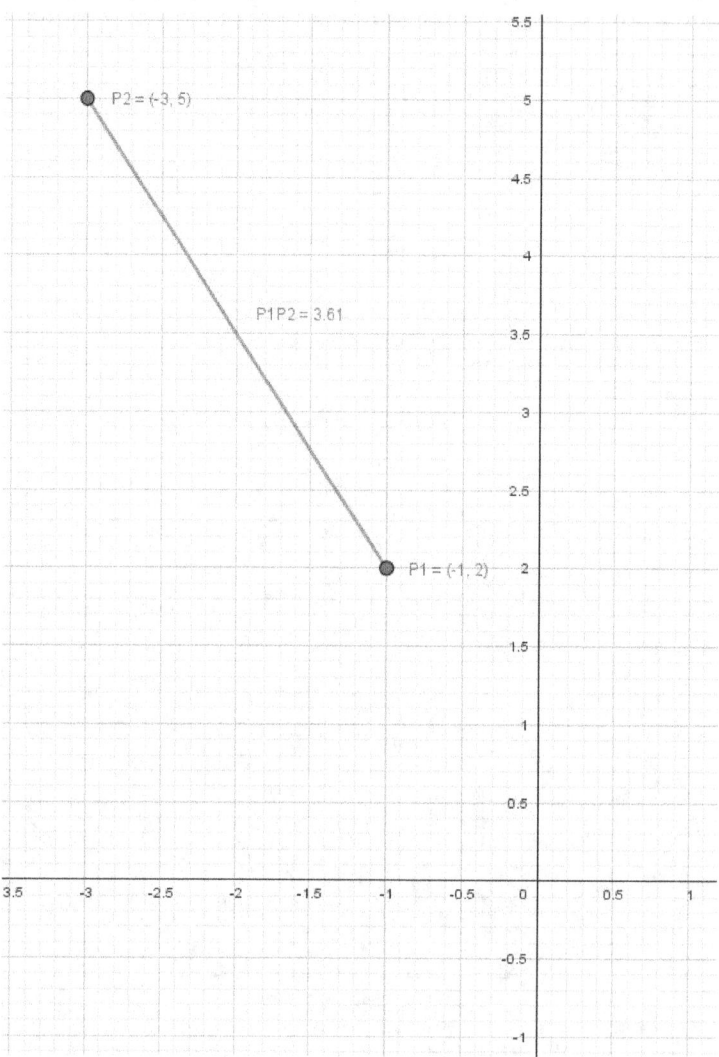

Para calcular la distancia entre los dos puntos realizamos los siguientes pasos:

Renombramos los puntos, esto es: P1= (- 1, 2) y P2 = (- 3, 5).

Usamos la fórmula de la distancia:

$$\overline{P_1 P_2} = \sqrt{((-3) - (-1))^2 + (5 - 2)^2} = \sqrt{(-3 + 1)^2 + (3)^2} = \sqrt{(-2)^2 + 9} = \sqrt{4 + 9}$$
$$= \sqrt{13}$$

9.5 FORMULAS DEL PUNTO MEDIO

El punto $M(x, y)$ que está en el centro del segmento que une los puntos: $P_1 (x_1 , y_1)$ y $P_2 (x_2 , y_2)$ tiene coordenadas:

$$x = \frac{x_1 + x_2}{2} \qquad y = \frac{y_1 + y_2}{2}$$

Las coordenadas de ese punto medio son los promedios de las coordenadas de los puntos terminales

EJEMPLO: El punto medio del segmento que une $(2, 9)$ y $(4, 3)$ es: $\left(\frac{2+4}{2}, \frac{9+3}{2}\right) = (3, 6)$

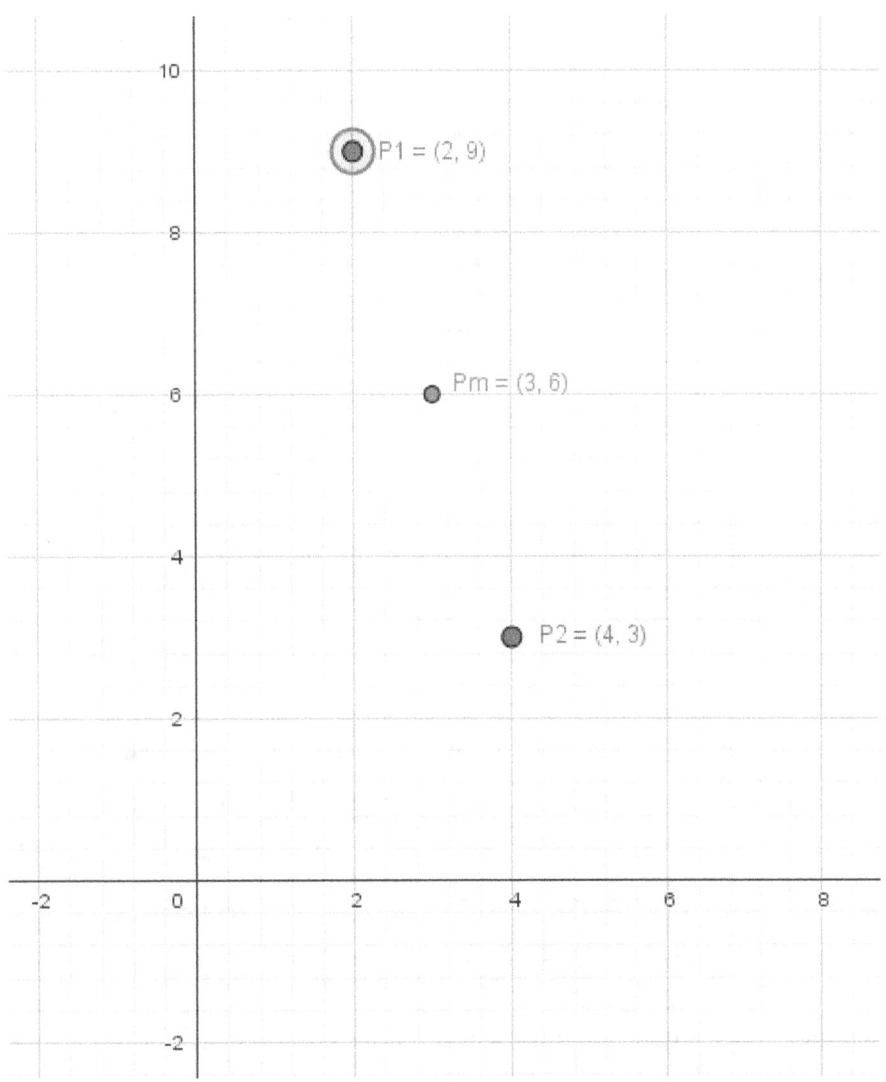

PROBLEMAS RESUELTOS

1. Probar que la distancia entre el punto $P(x, y)$ y el origen es $\sqrt{x^2 + y^2}$

SOLUCIÓN:

Como el origen tiene coordenadas $(0, 0)$, al utilizar la fórmula de la distancia para estos dos puntos no queda que:

$$d((0,0),(x,y)) = \sqrt{(x-0)^2 + (y-0)^2} = \sqrt{x^2 + y^2}$$

2. ¿Es isósceles el triángulo de vértices $A(1, 5)$, $B(4, 2)$ y $C(5, 6)$

SOLUCIÓN:

La grafica en el plano es:

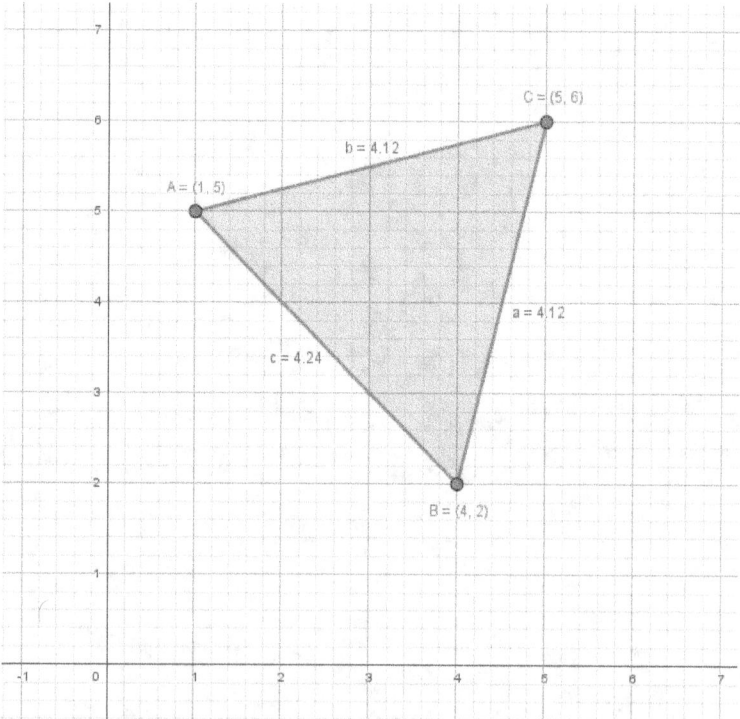

Para comprobar que el triángulo es isósceles deben existir dos lados iguales, los lados del triángulo los encontraremos por medio de la fórmula de la distancia, es decir:

$$\overline{AB} = \sqrt{(1-4)^2 + (5-2)^2} = \sqrt{(-3)^2 + (3)^2} = \sqrt{9+9} = \sqrt{18}$$

$$\overline{AC} = \sqrt{(1-5)^2 + (5-6)^2} = \sqrt{(-4)^2 + (-1)^2} = \sqrt{16+1} = \sqrt{17}$$

$$\overline{BC} = \sqrt{(4-5)^2 + (2-6)^2} = \sqrt{(-1)^2 + (-4)^2} = \sqrt{1+16} = \sqrt{17}$$

Como $\overline{AC} = \overline{BC}$, el triángulo es isósceles.

3. Encontrar el punto medio de $(0, a)$, $(3, -2)$:

SOLUCIÓN:

$$\text{Punto } Medio = \left(\frac{0+3}{2}, \frac{a-2}{2}\right) = \left(\frac{3}{2}, \frac{a-2}{2}\right)$$

1. Dibujar un sistema de coordenadas y:

➢ Marque los puntos.

➢ Calcule la distancia entre cada par de punto.

➢ Y halle el punto medio del segmento recto que los une.

$$a) \ (2, 1), (4, 5) \quad b) \left(\frac{1}{2}, 1\right), \left(\frac{-3}{2}, -5\right) \quad c) \left(\frac{2}{3}, \frac{-1}{3}\right), \left(\frac{5}{6}, 1\right)$$

$$d) \left(1, \sqrt{3}\right), (-1, 1) \quad e) \ (-2, 0), \left(0, \sqrt{2}\right)$$

2. Halle x de manera que la distancia entre los puntos sea 5.

a) $(0, 0), (x, -4)$ b) $(2, -1), (x, 2)$.

3. Determinar y de modo tal que la distancia entre los puntos sea 8.

a) $(0, 0), (3, y)$ b) $(5, 1), (5, y)$.

4. Dibujar el triángulo de vértices $A(2, 5)$, $B(2, -5)$ y $C(-3, 5)$ y hallar su área.

5. Si $(2, 2)$, $(2, -4)$ y $(5, 2)$ son tres vértices de un triángulo, hallar el cuarto vértice.

6. Hallar el perímetro del triángulo de vértices $A(4, 9)$, $B(-3, 2)$ y $C(8, -5)$.

7. Probar analíticamente que el punto medio de la hipotenusa de un triángulo rectángulo equidista de los tres vértices.

10. RELACIONES

Las matemáticas hacen uso frecuente de frases como: es divisor de, es suplementario de, es múltiplo de, es congruente con, es menor que, es mayor o igual que, es paralelo a, es el cuadrado de, es perpendicular a, etc. Cada una de estas frases necesita una palabra delante y otra detrás para quedar completas, y entonces queda una oración que nos dice que existe una cierta relación entre las dos cosas mencionadas. Estas frases imponen un cierto orden al nombrar las cosas que se relacionan, pues, por ejemplo, decir que "24 es múltiplo de 6", no es lo mismo que decir "6 es múltiplo de 24". También es evidente que las cosas a elegir para intervenir en la oración tienen que ser de un tipo particular, si se quiere que la proposición tenga sentido. No tendrá sentido decir que "3 es paralelo a 7" ó que "ABC es el cuadrado de XYZ".

El concepto mismo de relación está íntimamente ligado a la experiencia y es comunicado a través del lenguaje. Frases como: fue de vacaciones a, está enamorado de, nació en, va por la misma carretera de, etc., definen relaciones binarias de la misma manera que las frases matemáticas citadas anteriormente.

Para lograr conceptualizar lo que es una relación se deben tener en cuenta los siguientes elementos:

Conjunto de partida.

Conjunto de llegada.

Dominio.

Rango.

Operadores de una relación.

La siguiente situación ilustra cada uno de estos.

Natalia llama a una agencia de viajes y pregunta por la forma de viajar a España. La encargada de la información le dice:

Desde Bogotá hay vuelo a Madrid, Barcelona y Sevilla.

Desde Medellín hay vuelo a Madrid y Sevilla.

Desde Cali hay vuelo a Madrid.

Desde Valledupar? pregunta Natalia.

Desde Valledupar no hay vuelo a España.

Puedo ir a Valladolid? pregunta Natalia.

No hay vuelos directos desde Colombia a Valladolid.

La situación anterior se representa mediante un diagrama sagital:

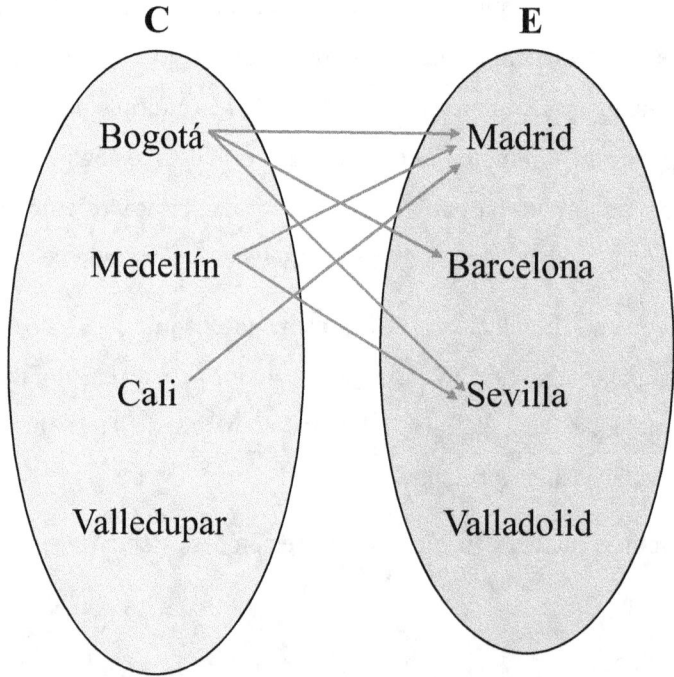

Conjunto de partida: Es el formado por los elementos que pertenecen al primer conjunto. Para el ejemplo,

Conjunto de partida = C = {Bogotá, Cali, Medellín, Valledupar}

Conjunto de llegada: Lo conforman los elementos que pertenecen al segundo conjunto. Para el ejemplo,

Conjunto de llegada = E = {Madrid, Barcelona, Sevilla, Valladolid}

Dominio: Son los elementos del primer conjunto que están relacionados con los elementos del segundo conjunto. Por tanto, el dominio es un subconjunto del conjunto de partida. Para el ejemplo,

Dominio = D = {Bogotá, Cali, Medellín}

Rango: Son los elementos del conjunto de llegada que están relacionados con los elementos del conjunto de partida, Para el ejemplo,

Rango = R = {Madrid, Barcelona, Sevilla}

Lo anterior permite plantear la relación como una correspondencia que existe entre los elementos del conjunto de partida con los elementos del conjunto de llegada. Dicha correspondencia puede escribirse como un conjunto de parejas ordenadas y es, por tanto, un subconjunto del producto cartesiano entre los dos conjuntos.

En la gran mayoría de los ejemplos de relaciones que aparecen en Matemáticas, los elementos que se ligan mediante una relación pertenecen a un mismo conjunto, y decimos que tenemos una relación dentro del propio conjunto. Es bajo esta perspectiva como empiezan a aparecer propiedades como la reflexiva, no reflexiva, anti-reflexiva, simétrica, no simétrica, anti-simétrica, transitiva, no transitiva y anti-transitiva.

10.1 RELACIÓN REFLEXIVA
Una relación **R** definida en un conjunto **A** es reflexiva, si para todo elemento *a* del conjunto se cumple: *a* está relacionado con sigo mismo.

10.2 RELACIÓN NO REFLEXIVA
Una relación **R** definida en un conjunto **A** es no reflexiva si no siempre se cumple que *a* está relacionado con sigo mismo.

10.3 RELACIÓN ANTI-REFLEXIVA
Una relación **R** definida en un conjunto **A** es anti-reflexiva si para todo *a* que pertenece a **A**, se cumple que *a* no está relacionado con sigo mismo.

10.4 RELACIÓN SIMÉTRICA
Una relación **R** definida en un conjunto **A** es simétrica, cuando se cumple que, si *a* está relacionado con *b*, entonces *b* está relacionado con *a*.

10.5 RELACIÓN NO SIMÉTRICA

Una relación **R** definida en un conjunto **A** es no simétrica si cumple que *a* está relacionado con *b* y no siempre *b* está relacionado con *a*.

10.6 RELACIÓN ANTI-SIMÉTRICA

Una relación **R** definida en un conjunto **A** es anti-simétrica, cuando se cumple que *a* está relacionado con *b*, entonces *b* no está relacionado con *a*.

10.7 RELACIÓN TRANSITIVA

Una relación **R** definida en un conjunto **A** es transitiva, cuando se cumple que *a* está relacionado con *b* y *b* está relacionado con *c*, entonces *a* esta relacionado con *c*.

10.8 RELACIÓN NO TRANSITIVA

Una relación **R** definida en un conjunto **A** es no transitiva si se cumple que *a* está relacionado con *b* y *b* está relacionado con *c* entonces no siempre *a* está relacionado con *c*.

10.9 RELACIÓN ANTI-TRANSITIVA

Una relación **R** definida en un conjunto **A** es anti-transitiva si cada vez que hay tres elementos diferentes *a, b, c*, y sucede que *a* está relacionado con *b* y *b* está relacionado con *c*, entonces no ocurre que *a* está relacionado con *c*.

10.10 RELACIÓN DE EQUIVALENCIA

Es aquella que al mismo tiempo es reflexiva, simétrica y transitiva.

10.11 RELACIÓN DE ORDEN PARCIAL

Una relación R en un conjunto A es de orden parcial, si es reflexiva, anti-simétrica y transitiva.

10.12 RELACIÓN DE ORDEN TOTAL

Una relación **R** en un conjunto **A**, es de orden total, si es una relación de orden parcial y además se cumple que para todo *a, b* que pertenece a **A**, *a* está relacionado con *b* o *b* está relacionado con *a* (todos los elementos de **A** son comparables).

10.13 RELACIÓN DE ORDEN ESTRICTO O RIGUROSO

Una relación **R** en un conjunto **A**, es de orden estricto o riguroso, si solamente es anti-simétrica y transitiva.

1) Si $A = \{1, 2, 3, 4\}$ y R_1, R_2 y R_3 tres relaciones definidas como:

- $R_1 = \{ (1, 1), (1, 2) \}$

- $R_2 = \{ (1, 1), (2, 2), (1, 3), (3, 1) \}$

- $R_3 = \{ (1, 1), (2, 2), (3, 3), (4, 4) \}$

Verificar si cada una de las relaciones anteriores es: Reflexiva, simétrica, antisimétrica, transitiva, antitransitiva o de equivalencia.

2) Si $A = \{2, 4, 6, 8\}$, comprobar si las siguientes relaciones son: : Reflexiva, simétrica, antisimétrica, transitiva o de equivalencia.

- $R_1 = \{ (x, y) / x < y \quad \text{con } x, y \in A \}$

- $R_2 = \{ (x, y) / x \geq y \quad \text{con } x, y \in A \}$

3) Dado el conjunto $A = \{ a, b, c, d \}$, demostrar que el producto cartesiano $A \times A$ es una relación de equivalencia.

11. FUNCIONES

Dados dos conjuntos no vacíos **A** y **B**, una función **F** de **A** en **B**, denotada por :

$$F : A \longrightarrow B \qquad ó \qquad A \longrightarrow B$$

es una relación que permite asignar a TODO elemento $x \in$ **A** uno y solo un elemento $y \in$ **B**. De esta definición podemos concluir que las condiciones impuestas a una función debe cumplirlas sólo el conjunto **A** (conjunto de partida); es decir:

a) En A no puede sobrar elementos: el dominio de la función es igual al conjunto de partida **A**.

b) Cada elemento de **A** sólo puede relacionarse con uno y sólo uno de **B**.

Ejemplo :

Veamos cuáles de las relaciones de la figura son funciones de **A** en **B**.

Relación 1:

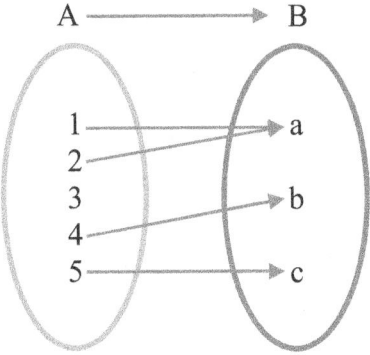

La relación 1, no es una función, porque el elemento 3 de A no está asociado a ningún elemento de B

Relación 2:

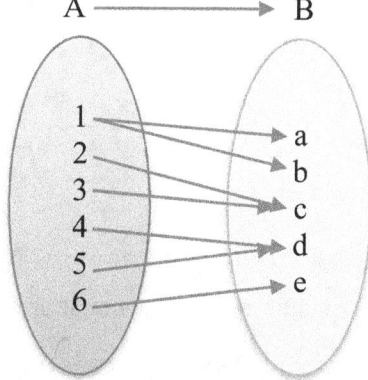

La relación 2, no es una función, porque existe un elemento de A, el 1, relacionado con dos elementos de B

Relación 3:

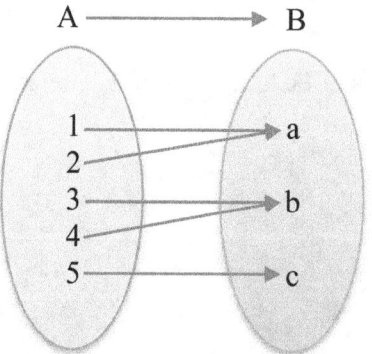

La relación 3 es una función.

11.1 CLASES DE FUNCIONES

- **Funciones inyectivas :**

Si f es una función de X en Y, entonces f es **inyectiva** (unívoca o 1 - 1). Una función es INYECTIVA O UNO A UNO si y solo si cada elemento del RANGO es imagen de un solo elemento del dominio.

- **Funciones sobreyectivas.**

Una función es sobreyectiva si TODOS los elementos del CONJUNTO DE LLEGADA son imágenes de al menos un elemento del DOMINIO.

- **Funciones biyectivas :**

Una función f de X en Y es **biyectiva** si es inyectiva y sobreyectiva.

11.2 FUNCIÓN INVERSA

Si f es una función de X en Y que es inyectiva, entonces la relación inversa f' del rango de f en X es una función que se llama FUNCIÓN INVERSA de f. En este caso la función inversa de f se denota por f^1.

11.3 OPERACIONES CON FUNCIONES

Dada dos funciones reales de variable real f y g podemos definir cuatro nuevas funciones a partir de las dadas, así:

1. **Función suma**

   La función definida mediante la ecuación

   $S(X) = f(X) + g(X)$ es la función suma de f y g.

2. **Función producto**

   $\rho(X) = f(X)\ g(X)$ es la función producto.

3. **Función cociente**

   $Q(X) = f(X)/g(X)$, con $g(X) \neq 0$ es la función cociente.'

11.4 FUNCIÓN COMPUESTA

Dadas las dos funciones f y g, las *función compuesta*, representada por *fog*, está definida por
$$(f \circ g)(x) = f(g(x))$$

Y el dominio de *fog* es el conjunto de todos los números x en el dominio g, tales que $g(x)$ se encuentra en el dominio de f.

Ejemplo: Dado que f está definida por $f(x) = \sqrt{x}$ y g está definida por $f(x)=2x - 3$, hallar $H(x) = fog.$ y determinar el dominio de $H(x)$.

Solución:
$$H(x) = (f \circ g)(x) = f(g(x)) = f(2x - 3) = \sqrt{2x - 3}$$

El dominio de g es $(-\infty, +\infty)$ y el dominio de f es $[0, +\infty)$. Así el dominio de $H(x)$ es el conjunto de los números reales para los cuales $2x - 3 \geq 0$, lo que es lo mismo, $[3/2, +\infty)$.

Ejemplo: Dado que f y g están definidas por:

$$f(x) = \sqrt{x} \text{ y } g(x) = x^2 - 1$$

Determinar: (a) fog ; (b) gog ; (c) fof ; (d) gof

Solución:

$$(a)\ (f \circ g)(x) = f(x^2 - 1) = \sqrt{x^2 - 1}$$

$$(b)\ (g \circ g)(x) = g(x^2 - 1) = (x^2 - 1)^2 - 1 = x^4 - 2x^2$$

$$(c)\ (f \circ f)(x) = f(\sqrt{x}) = \sqrt{\sqrt{x}} = \sqrt[4]{x}$$

$$(d)\ (g \circ f)(x) = g(\sqrt{x}) = \left(\sqrt{x}\right)^2 - 1 = x - 1$$

12. FUNCIÓN COMO CORRESPONDENCIA

Función como correspondencia:

Una función es una correspondencia que asigna a cada elemento de cierto conjunto, llamado *dominio de la función*, un único elemento en un segundo conjunto, llamado *recorrido de la función.*

Ejemplo 1:

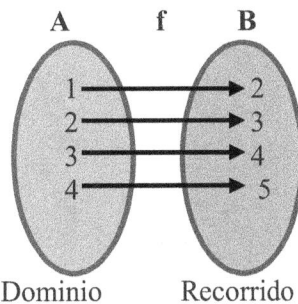

Ejemplo 2:

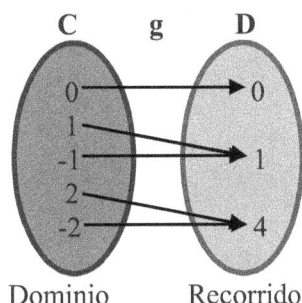

12.1 NOTACIÓN DE UNA FUNCIÓN

Si (*a, b*) es un elemento de una función *f*, entonces *f* asocia el elemento *a*, perteneciente al dominio, con el elemento *b,* perteneciente al recorrido y se dice que *b* es la imagen de *a* por *f.* Se escribe:

$$f:\ a \to b \quad \text{otra forma de denotarlo sería:} \quad a \xrightarrow{\ f\ } b$$

Por otra parte, si una función viene dada por una ecuación, se necesita una información adicional para determinar la función. Por ejemplo: $3x - 2y = 5$ (*x* o *y* pueden representar los elementos del dominio). Si *x* representa los elementos del dominio se puede despejar *y* en función de *x*, es decir: $y = \frac{3}{2}x - \frac{5}{2}$ es la función y se dice que *y* es función de *x*.

---

x se denomina variable independiente por que se le puede asignar cualquier valor. Mientras que a *y* se le denomina variable dependiente porque sus valores dependen de los valores que se le asignen a *x*.

Se puede usar el símbolo *f(x)* en lugar de *y*, escribiendo $f(x) = y = \frac{3}{2}x - \frac{5}{2}$ En otras palabras *y=f(x)* indica que (*x, y*) es un elemento de la función.

EJEMPLO 3:

Sea *f(x) = x - 1* entonces *f(2) = 2 - 1 = 1* indica que (*2, 1*) es un elemento de la función. *x* es la variable independiente, *f(x)* o sea *y* es la variable dependiente.

Supóngase que *f(x) = 5x + 3* Determine cada una de las siguientes expresiones:

$$f(1), f(2), f(3) \text{ y } f(4)$$

SOLUCIÓN:

Como *f(x) = 5x + 3*

f(1) = 5(1) + 3 = 5 + 3 = 8	*Equivale a (1, 8)*
f(2) = 5(2) + 3 = 10 + 3 = 13	" " " *(2, 13)*
f(3) = 5(3) + 3 = 15 + 3 = 18	" " " *(3, 18)*
f(4) = 5(4) + 3 = 20 + 3 = 23	" " " *(4, 23)*

1) Determinar si cada uno de los siguientes conjuntos de pares ordenados define una función, y en tales casos especifique el dominio y el conjunto imagen.

- S = { (1, 2), (2, 1), (3, 2), (5, - 1), (1, 3) }
- S = { $(x, y) / y = 2x +1, \ 0 \leq x \leq 2$ }
- S = { $(x, y) / x + y = 1, x > 3$ }

2) Sean $f: R \to R, \ g: R \to R$ y $h: R \to R$, funciones definidas por:
$f(x) = 2x + 1, \ g(x) = x^2 - 2$ y $h(x) = x + 4$. Hallar:

- $f(x)/g(x)$
- $h(x) \ g(x)$
- $f(x) + g(x) - h(x)$
- $f(x) \ o \ g(x)$
- $h(x) \ o \ f(x)$
- $g(x) \ o \ h(x)$.

3) Construir las gráficas correspondientes a las siguientes funciones, y determine el dominio y codominio o rango:

- $f(x) = 2x - 3$
- $g(x) = x$
- $f(x) = 4$
- $h(x) = x^2 + 3$
- $f(x) = x^3$

4) Si $f(x) = x^2 + 3x - 2$, hallar $f(- 3), f(- 2), f(- 1), f(0), f(1/2), f(2/3), f(3), f(2), f(1)$ y $f(a + 2)$ Con la ayuda de los puntos anteriores trace la gráfica de dicha función.

5) Dada la función $f(x) = \sqrt{x + 1}$, hallar $f(- 1), f(0), f(1), f(2), f(3)$. ¿Cuál es el dominio de $f(x)$?. Trace la gráfica

6) A continuación, encontrar el dominio y el rango de la función especificada, grafique la función en el plano cartesiano haciendo $f(x) = y$.

    $a) f(x) = 4 - x^2$ $b) f(x) = \sqrt{3 - x}$ $c) f(x) = \dfrac{3}{4}\sqrt{x^2 - 16}$ $d) f(x) = 3$

13. FUNCIÓN LINEAL

Definición:

Una función polinómica de la forma $f(x) = mx + b$ se llama función lineal, donde m y b son números reales constantes. Se llama lineal porque su gráfica es una línea recta.

EJEMPLO 8.1: Dada $y = f(x) = 4x - 3$ Hallar

a. Dominio y recorrido de la función.

b. Trazar la gráfica.

Solución:

Elaboremos una pequeña tabla de valores donde se le dan valores a x y para poder obtener valores en y:

x	- 4	- 3	- 2	- 1	0	1	2	3	4
y	- 19	- 15	- 11	- 7	- 3	1	5	9	13

a. Para determinar el dominio y rango de la función, analizamos los valores que están tomando tanto x como y. Como puede observarse x puede tomar cualquier valor y y a su vez toma cualquier valor, por tanto, **el dominio y el rango son todos los número reales**.

b. Localizando en el plano cartesiano los puntos obtenido en la tabla, trazamos su gráfica.

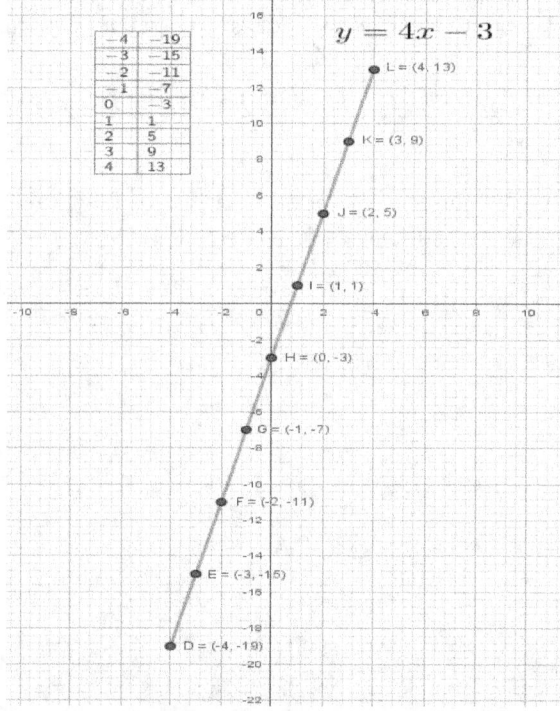

13.1 PENDIENTE DE UNA LÍNEA RECTA

Definición:

Sean (x_1, y_1) y (x, y) dos puntos cualquiera de una línea recta, tales que $x_1 \neq x$ El número m definido por:

$$m = \frac{y - y_1}{x - x_1}$$

Se le llama pendiente de la recta

EJEMPLO 12.2:

Hallar la pendiente de la recta que pasa por los puntos (- 1, -2) y (5, -6)

Solución:

$$m = \frac{y - y_1}{x - x_1} = \frac{(-6) - (-2)}{(5) - (-1)} = \frac{-6 + 2}{5 + 1} = \frac{-4}{6} = \frac{-2}{3}$$

La pendiente de la recta determinada por la función $f(x) = mx + b$ es m. O sea que el valor de la pendiente es el coeficiente de x. Además, la pendiente de la recta es constante.

EJEMPLO 12.3: Dado $y = f(x) = 2x - 1$, Hallar:
a. Dominio y recorrido de la función.
b. Pendiente.
c. Graficar.

Solución:

a. El dominio y el recorrido de toda función lineal son los número reales.

b. La pendiente es $m = 2$, porque es el coeficiente de x

c. Para graficar una función lineal basta con hallar los puntos de corte o intercepto con los ejes.

El intercepto con el eje x se busca haciendo $y = 0$ es decir:

Si $y = 0$ entonces, $0 = 2x - 1$, despejando el valor de x tenemos: $x = \frac{1}{2}$, del análisis anterior tenemos el punto ($\frac{1}{2}$, 0).
Para encontrar el intercepto con y hacemos $x = 0$, es decir:

Si $x = 0$ entonces, $y = 2(0) - 1 = 0 - 1 = -1$, o sea que cuando $x = 0$ y vale -1, con base a lo anterior tenemos el punto (0, -1)

Al ubicar los puntos (½ , 0) y (0, -1) en el plano cartesiano y al unirlos por una recta se obtiene el siguiente gráfico.

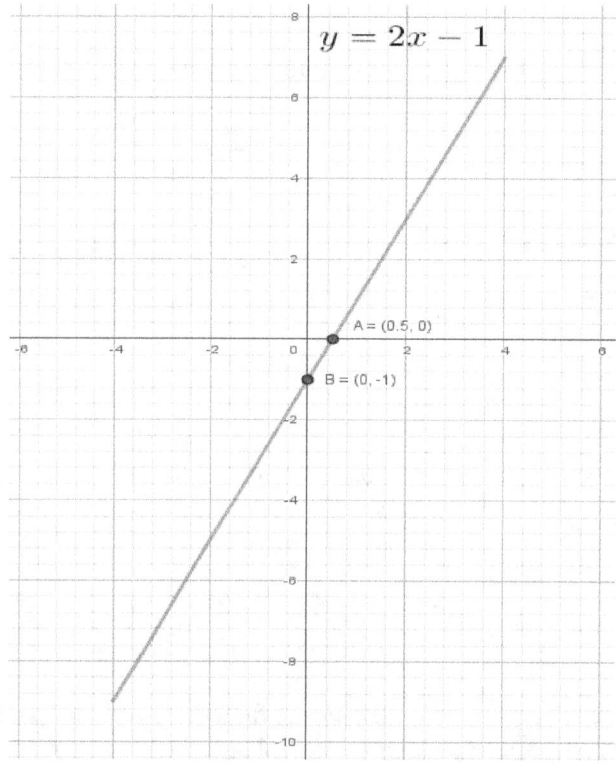

13.2 COMO ENCONTRAR LA ECUACIÓN DE UNA RECTA DADA LA PENDIENTE Y PUNTO POR DONDE PASA

EJEMPLO 12.4:

Escribir una ecuación en forma explícita para la recta que tiene pendiente $m = 3$ y pasa por el punto (1, 4).

Solución:

Sabemos que la ecuación general de la recta es: $y = mx + b$
Los valores que nos han dado son:

$m = 3$
Y el punto (x = 1, y = 4)

Con base a los datos anteriores tenemos que si: $m = 3$ entonces la ecuación $y = mx + b$ nos queda de la forma $y = 3x + b$, Y para encontrar el valor de b hacemos usos del punto (x = 1, y = 4).

Sustituyendo los valores de $(x = 1, y = 4)$ en la ecuación $y = 3x + b$ tenemos que:

$4 = 3 (1) + b$

96

$4 = 3 + b$

$4 - 3 = b$

$1 = b$

Una vez conocidos los valores de $b = 1$ y los de $m = 3$, al sustituirlos en la **ecuación general** $y = mx + b$ obtendremos la ecuación de la recta buscada, la cual es: $y = 3x + 1$

Otra forma de encontrar la ecuación de la recta anterior es haciendo uso de:

$$m = \frac{y - y_1}{x - x_1}$$

Al sustituir de una vez los valores de $m = 3$ y de $(x_1 = 1, y_1 = 4)$ en la ecuación anterior tenemos que:

$$3 = \frac{y - (4)}{x - (1)}$$

$$3 = \frac{y - 4}{x - 1}$$

$$3(x - 1) = y - 4$$

$$3x - 3 = y - 4$$

$$3x - 3 + 4 = y$$

$$3x + 1 = y$$

Se puede ver que la ecuación de la recta es $y = 3x + 1$

13.3 COMO ENCONTRAR LA ECUACIÓN DE UNA RECTA DADOS DOS PUNTOS POR DONDE PASA

EJEMPLO 12.5:

Escribir una ecuación en la forma explícita para la recta que pasa por (2, 3) y (4, 7).

Solución:

Se halla la pendiente m de la recta:

$$m = \frac{y - y_1}{x - x_1}$$

Hacemos $(x = 2, y = 3)$ y $(x_1 = 4, y_1 = 7)$ sustituyendo estos valores en la ecuación anterior obtenemos que:

$$m = \frac{(3) - (7)}{(2) - (4)} = \frac{3 - 7}{2 - 4} = \frac{-4}{-2} = 2$$

Después se halla la ecuación de la recta con el valor de la pendiente $m = 2$ y cualquier punto de los dos puntos dados, por ejemplo, si tomamos el punto (4, 7), entonces:

Al sustituir los valores de $m = 2$ y de $(x_1 = 4, y_1 = 7)$ en $m = \frac{y-y_1}{x-x_1}$ se obtiene que:

$$(2) = \frac{y - (7)}{x - (4)}$$

$$2 = \frac{y - 7}{x - 4}$$

$$2(x - 4) = y - 7$$

$$2x - 8 = y - 7$$

$$2x - 8 + 7 = y$$

$$2x - 1 = y$$

Por lo tanto, la ecuación de la recta que pasa por los dos puntos dados es:
$$y = 2x - 1$$

EJEMPLO 12.6:

Graficar y encontrar la ecuación de la recta que pasa por los puntos (70, 0.05) y (110, 0.60)

Solución

La gráfica es:

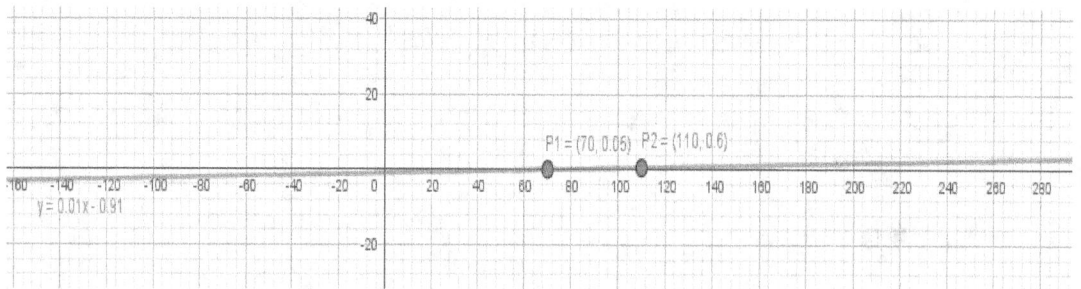

Para encontrar la ecuación de la recta encontramos primero la pendiente m de la recta:
$$m = \frac{y - y_1}{x - x_1}$$
Hacemos $(x = 70, y = 0.05)$ y $(x_1 = 110, y_1 = 0.6)$ sustituyendo estos valores en la ecuación anterior obtenemos que:

$$m = \frac{(0.05) - (0.6)}{(70) - (110)} = \frac{0.05 - 0.6}{70 - 110} = \frac{-0.55}{-40} = 0.01375$$

Después se halla la ecuación de la recta con el valor de la pendiente $m = 0.01375$ y cualquier punto de los dos puntos dados, por ejemplo, si tomamos el punto (110, 0.6), entonces:

Al sustituir los valores de $m = 0.01375$ y de $(x_1 = 110, y_1 = 0.6)$ en $m = \frac{y-y_1}{x-x_1}$ se obtiene que:

98

$$(0.01375) = \frac{y - (0.6)}{x - (110)}$$

$$0.01375 = \frac{y - 0.6}{x - 110}$$

$$0.01375(x - 110) = y - 0.6$$

$$0.01375x - 1.5125 = y - 0.6$$

$$0.01375x - 1.5125 + 0.6 = y$$

$$0.01375x - 0.9125 = y$$

$y = 0.01375x - 0.9125$ es la ecuación de la recta que pasa por los dos puntos dados.

13.4 RECTAS PARALELAS

TEOREMA: *Dos rectas son paralelas si sólo si tienen la misma pendiente.*

Si m_1 y m_2 son las pendientes de dos rectas paralelas, entonces $m_1 = m_2$

13.5 RECTAS PERPENDICULARES

TEOREMA: *Dos rectas son perpendiculares si sólo si el producto de sus pendientes es - 1.*

Si m_1 y m_2 son las pendientes de dos rectas perpendiculares, entonces $m_1 \, m_2 = -1$

1. Dada la función $y = f(x) = 3x - 5$ que representa la **Espacio (mt) vs Tiempo (sg),** Hallar:
a. El dominio y codominio de la función.
b. La pendiente
c. Y la gráfica de la función.

2. Graficar y encontrar la ecuación de la recta que se obtiene del **Voltaje (Vol) vs Corriente (Amp).** y que pasa por los puntos (10, 1) y (20, 3)

3. Dada la función $y = f(x) = 7x - 3$ que representa la **Fuerza (New) vs Aceleración (m/sg^2),** Hallar:

a. El valor de la fuerza cuando la aceleración toma los siguientes valores:
➢ 10
➢ 37
➢ 20
➢ 30
b. La pendiente
c. Y la gráfica de la función.

4. Escribir una ecuación en forma explícita para la recta obtenida de graficar la **Fuerza (New) vs Desplazamiento (mt).** y cuya pendiente es $m = 5$ y pasa por el punto (6, 2).

5. Graficar y encontrar la ecuación de la recta que se obtiene del **Espacio (mt) vs (tiempo)^2 (sg^2).** y que pasa por los puntos (5, 12) y (10, 13)

6. Determinar la ecuación de la recta que pasa por los puntos:

a. (2, 3), (-1, -4)   **b.** (-5, 1), (-3, -2)   **c.** (3, 6), (1, 7)

7. Encontrar una ecuación de la recta con pendiente dada que pasa por el punto dado:

a. m = 2, (-1, 3)   **b.** m = 0, (2, -1)   **c.** m = ½ , (-2, 5)   **d.** m = 2/3, (-4, -1)

8. Encuentre la pendiente m y la ordenada de la recta cuya ecuación se da, después dibuje la recta:
➢ $2x = 3y$
➢ $3x + 4y = 6x$
➢ $x + y = 1$
➢ $2x = 3 - 5y$
➢ $2x - y + 3 = 0$

9. Escribir la ecuación de la recta **L** que se describe:
➢ **L** es vertical y su abscisa al origen es 7.
➢ **L** es horizontal y pasa por (3, -5).
➢ **L** tiene abscisa al origen 2 y ordenada al origen - 3
➢ **L** pasa por (2, -3) y (5, 3).
➢ **L** pasa por (- 1, - 4) con pendiente 1/2
➢ **L** pasa por (4, 2) con un ángulo de inclinación de 135°

➢ **L** pasa por (1, 5) y es paralela a la recta cuya ecuación es $2x + y = 10$

➢ **L** pasa por (- 2, 4) y es perpendicular a la recta cuya ecuación es $3x + 2y = 17$

10. Encuentre la distancia perpendicular entre las rectas paralelas $y = 5x + 1$ y $y = 5x + 9$.

11. Si el punto (3, k) está sobre la recta de pendiente $m = -2$ que pasa por (2, 5), hallar k.

12. ¿Está el punto (3, - 2) sobre la recta que pasa por los puntos (8, 0) y (- 7, - 6)?

13. Usar pendientes para determinar si los puntos (7, - 1), (10, 1) y (6, 7) son los vértices de un triángulo.

14. Usar pendientes para determinar si los puntos (8, 0), (- 1, - 2), (- 2, 3) y (7, 5) son los vértices de un paralelogramo.

15. Hallar k de modo que los puntos A(7, 3), B(- 1, 0) y C(k, - 2) sean los vértices de un triángulo rectángulo con ángulo recto en B.

16. Determinar si los siguientes pares de rectas son paralelas, perpendiculares, o ni lo uno ni lo otro:

$$a)\, y = 3x + 2; \quad y = 3x - 4$$
$$b)\, y = 2x - 4; \quad y = 3x + 5$$
$$c)\, 3x - 2y = 5; \quad 2x + 3y = 4$$
$$d)\, 6x + 3y = 1; \quad 4x + 2y = 3$$
$$e)\, x = 3; \quad y = -4$$

17. Hallar la distancia del punto (- 1, 2) a la recta $8x - 15y = 3$.

18. Hallar la distancia del punto (4, 7) a la recta $3x + 4y = 1$

14. FUNCIÓN CUADRÁTICA

Una función cuadrática es una función polinómica de grado 2. La forma general viene dada por $f(x) = ax^2 + bx + c$, en donde a, b y c son números reales, $a \neq 0$

Ejemplo 13.1:

$$f(x) = x^2 \qquad\qquad \text{donde } a = 1, b = 0 \text{ y } c = 0$$
$$f(x) = x^2\text{-}1 \qquad\qquad \text{donde } a = 1, b = 0 \text{ y } c = -1$$
$$f(x) = 2x^2 + 5x + 6 \qquad \text{donde } a = 2, b = 5 \text{ y } c = 6$$

14.1 CONSTRUCCIÓN DE GRÁFICAS DE FUNCIONES CUADRÁTICAS

Ejemplo 13.2:
Construir la gráfica de la función $y = x^2$

Primero encontramos el vértice de la parábola o curva que se obtiene de las funciones cuadráticas, el vértice de la parábola está dado por el punto $\left(x = \frac{-b}{2a}; \ y = f\left(\frac{-b}{2a}\right) \right)$.

Calculemos el vértice de la función $y = x^2$, en donde $a = 1$ y $b = 0$, por lo tanto, el valor de $x = \frac{-b}{2a} = \frac{-(0)}{2(1)} = \frac{0}{2} = 0$, para encontrar el valor de $y = f\left(\frac{-b}{2a}\right)$ reemplazamos el valor de $x = \frac{-b}{2a} = 0$ en la función $y = x^2$, es decir:

$f\left(x = \frac{-b}{2a} = 0 \right) = f(0) = (0)^2 = 0$, por lo tanto, el vértice de la parábola es el punto (0, 0), como el signo que acompaña a x^2 es positivo entonces la gráfica abrirá hacia arriba.

Para guiarnos con más precisión en la trayectoria de la gráfica tomaremos un número suficiente de puntos para determinar la forma de la curva. A continuación, construiremos una tabla de valores

				Pto. vértice			
x	-3	-2	-1	0	1	2	3
y = f(x)	9	4	1	0	1	4	9

Observemos que la variable independiente x puede tomar cualquier valor o número real, o sea que el dominio está formado por el conjunto de los número reales **R.** Esto se cumple para toda función cuadrática.

Los valores de y dependen de los valores que se le dé a x, por esa razón se llama variable dependiente. La gráfica de la función $y = x^2$ es:

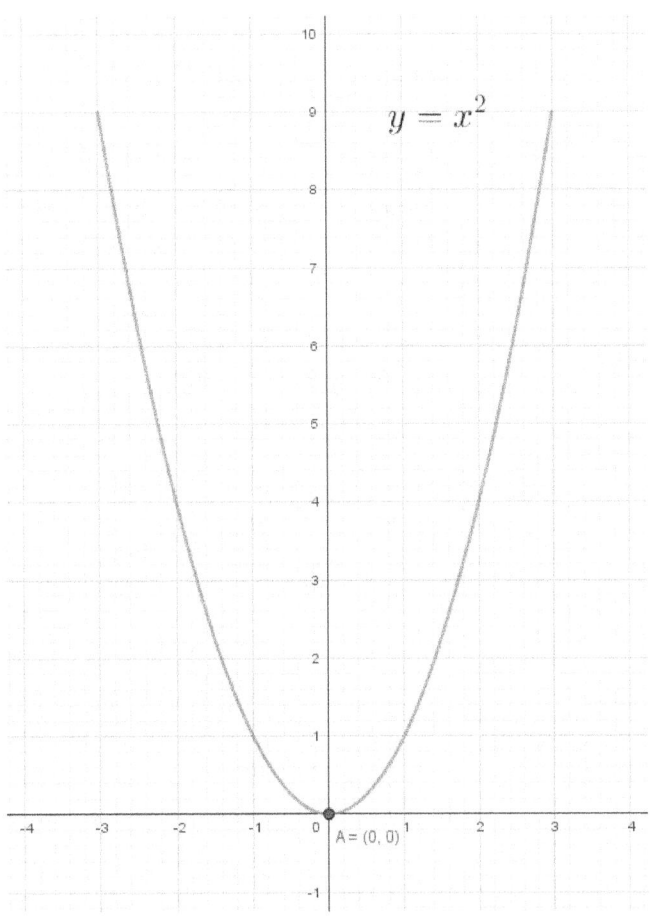

El vértice o punto $\left(x = \frac{-b}{2a}; \ y = f\left(\frac{-b}{2a}\right)\right)$, nos determina el cambio de la curva.

Ejemplo 13.3:
Gráfica de la función $y = -x^2 + 4$

Encontramos primero el vértice de la parábola, el cual está dado por el punto $\left(x = \frac{-b}{2a}; \ y = f\left(\frac{-b}{2a}\right)\right)$.

Calculemos ahora el vértice de la función $y = -x^2 + 4$, en donde $a = -1$ y $b = 0$, por lo tanto, el valor de $x = \frac{-b}{2a} = \frac{-(0)}{2(-1)} = \frac{0}{-2} = 0$, para encontrar el valor de $y = f\left(\frac{-b}{2a}\right)$ reemplazamos el valor de $x = \frac{-b}{2a} = 0$ en la función $y = f(x) = -x^2 + 4$, es decir:

$y = f\left(x = \frac{-b}{2a} = 0\right) = f(0) = -(0)^2 + 4 = -0 + 4 = 4$, por lo tanto, el vértice de la parábola es el punto $(0, 4)$, como el signo que acompaña a x^2 es negativo entonces la gráfica de la parábola abrirá hacia abajo.

Para guiarnos con más precisión en la trayectoria de la gráfica tomaremos un número suficiente de puntos para determinar la forma de la curva. A continuación, construiremos una tabla de valores

				Pto. vértice			
x	-3	-2	-1	0	1	2	3
y = f(x)	-5	0	3	4	3	0	-5

Recordemos que la variable independiente x puede tomar cualquier valor o número real, o sea que el dominio está formado por el conjunto de los número reales $\mathbb{R}$. Esto se cumple para toda función cuadrática.

Los valores de y dependen de los valores que se le dé a x, por esa razón se llama variable dependiente. La gráfica de la función $y = -x^2 + 4$ es:

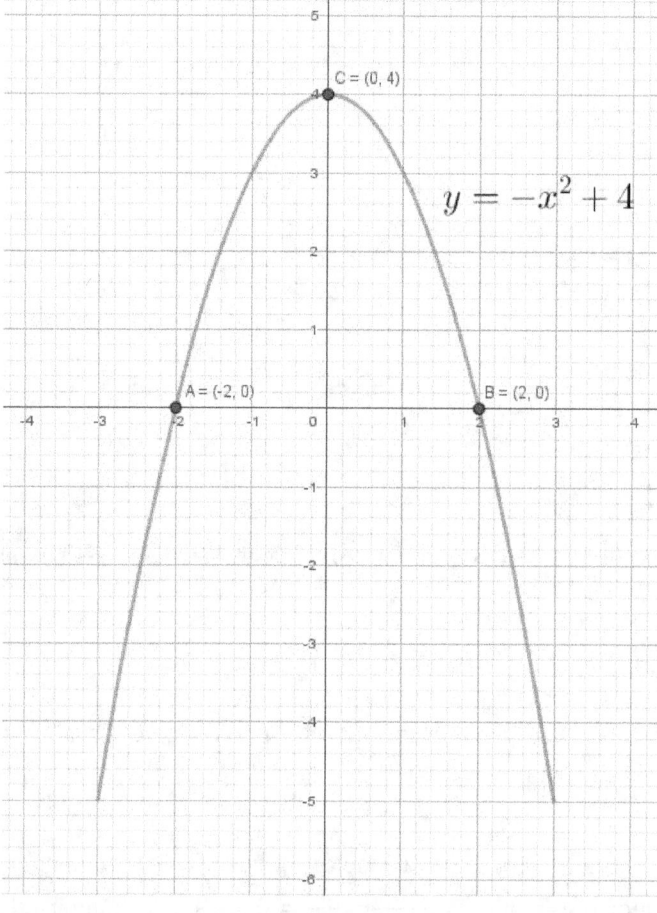

14.2 OBSERVACIONES IMPORTANTES PARA GRAFICAR BIEN UNA FUNCIÓN CUADRÁTICA

a. La gráfica de una función cuadrática $f(x) = ax^2 + bx + c$ tiene la misma forma que la gráfica de $f(x) = x^2$ o $f(x) = -x^2 + 4$, aunque varía la posición de la gráfica dependiendo esta posición de los valores específicos de a, b, y c. ***Tales gráficas se llaman parábolas.***

b. Si $a > 0$, la parábola abre hacia arriba, es decir, tiene la misma forma que la gráfica $f(x) = x^2$ la parábola abierta hacia arriba presenta un punto más bajo que los demás o ***punto mínimo.***

c. Si $a < 0$, la parábola abre hacia abajo, es decir, tiene la misma forma que la gráfica $f(x) = -x^2 + 4$ la parábola abierta hacia abajo presenta un punto más alto que los demás o ***punto máximo.***

d. El ***vértice*** de la parábola es el punto más bajo de la curva cuando ésta se abre hacia arriba y es el punto más alto de la curva cuando ésta se abre hacia abajo.

e. Para buscar donde la gráfica corta al eje de $y = f(x)$ se hace cero la variable x, es decir cuando $x = 0$ la gráfica corta el eje de las y. Y para saber dónde corta la gráfica al eje de las x hacemos cero a $y = f(x)$, es decir cuándo $y = f(x) = 0$ la curva corta al eje de las x, para encontrar el valor de x cuando $y = f(x) = 0$ despejamos a x.

EJEMPLO 13.4:

Teniendo en cuenta los pasos anteriores Gráfica de la función $y = 3x^2 - 5x - 2$

➤ Como $a = 3 > 0$ la parábola abre hacia arriba

➤ Encontramos primero el vértice de la parábola, el cual está dado por el punto $\left(x = \frac{-b}{2a}; y = f\left(\frac{-b}{2a}\right)\right)$.

Para calcular el vértice de la función $y = 3x^2 - 5x - 2$, hay que tener en cuenta que: $a = 3$, $b = -5$ y $c = -2$, por lo tanto, el valor de $x = \frac{-b}{2a} = \frac{-(-5)}{2(3)} = \frac{5}{6}$, para encontrar el valor de $y = f\left(\frac{-b}{2a}\right)$ reemplazamos el valor de $x = \frac{-b}{2a} = \frac{5}{6}$ en la función $y = 3x^2 - 5x - 2$, es decir:

$$y = f\left(x = \frac{-b}{2a} = \frac{5}{6}\right) = f\left(\frac{5}{6}\right) = 3\left(\frac{5}{6}\right)^2 - 5\left(\frac{5}{6}\right) - 2 = 3\left(\frac{25}{36}\right) - 5\left(\frac{5}{6}\right) - 2 = \frac{75}{36} - \frac{25}{6} - 2$$
$$= \frac{-49}{12}$$

Por lo tanto, el vértice de la parábola es el punto (5/6, - 49/12).

➤ Para buscar donde la gráfica corta el eje de la y hacemos a $x = 0$, es decir, cuando $x = 0$ entonces: $f(0) = 3(0)^2 - 5(0) - 2 = -2$, entonces el punto donde la curva corta al eje de la y es (0, -2).

➤ Para buscar donde la curva corta el eje de la x hacemos a $y = f(x) = 0$, es decir,

$$3x^2 - 5x - 2 = 0$$

Para despejar x usaremos la formula general:

$$x = \frac{-b \pm \sqrt{b^2 - 4ac}}{2a}$$

Donde: $a = 3$, $b = -5$ y $c = -2$.

$$x = \frac{-(-5) \pm \sqrt{(-5)^2 - 4(3)(-2)}}{2(3)} = \frac{5 \pm \sqrt{25 + 24}}{6} = \frac{5 \pm \sqrt{49}}{6} = \frac{5 \pm 7}{6}$$

Por lo tanto, los valores de x son:

$$x = \frac{5 + 7}{6} = \frac{12}{6} = 2 \quad \text{Lo que indica que la curva pasa por el punto } (2, 0)$$

$$x = \frac{5 - 7}{6} = \frac{-2}{6} = \frac{-1}{3} \quad \text{Lo que indica que la curva pasa por el punto } \left(\frac{-1}{3}, 0\right)$$

Los puntos encontrados son suficientes para determinar la forma de la curva. A continuación, se muestran los puntos obtenidos en una tabla de valores

x	-1/3	0	Pto. vértice 5/6	2
$y = f(x)$	0	-2	- 49/12	0

Recuerda que la variable independiente x puede tomar cualquier valor o número real, si quieres darle más valores a la tabla, lo anterior significa que el dominio está formado por el conjunto de los número reales $\mathbb{R}$. Esto se cumple para toda función cuadrática.

Los valores de y dependen de los valores que se le dé a x, por esa razón se llama variable dependiente. La gráfica de la función $y = 3x^2 - 5x - 2$ es:

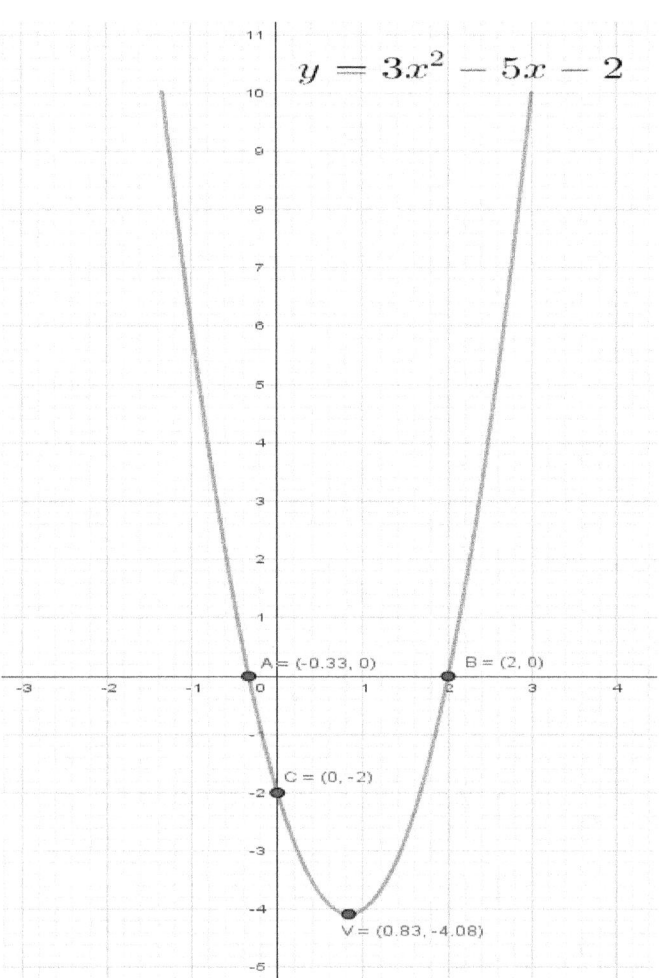

$$y = 3x^2 - 5x - 2$$

A = (-0.33, 0) B = (2, 0)

C = (0, -2)

V = (0.83, -4.08)

En las siguientes ecuaciones cuadráticas encuentre:

➢ El vértice
➢ Los intercepto con los ejes
➢ El eje de simetría
➢ Y realice la grafica correspondiente usando las técnicas de integración dadas.

1) $f(x) = x^2 - 3x + 2$

2) $f(x) = 1 - x^2$

3) $f(x) = 3x^2 + 2x$

4) $f(x) = \frac{-x^2}{2} + 5$

5) $f(x) = 4x^2 + x - 1$

6) $f(x) = x^2 - \frac{1}{3}x - \frac{1}{2}$

7) $f(x) = 5x^2 - 2x - 4$

8) $f(x) = -x^2 - 7x + 6$

9) $f(x) = -3x^2 + 4x + 5$

10) $f(x) = x^2 - \frac{1}{3}x - \frac{1}{2}$

11) $f(x) = 8x^2 - \frac{3}{2}x - 4$

12) $f(x) = 10x^2 - 5x - 7$

BIBLIOGRAFÍA

[1]   Purcell, E. J.; Varberg, D. (2007) Cálculo Con Geometría Analítica. México: Editorial Pearson Prentice Hall.

[2]   Larson, R.; Hostetler, R.; y Edwards, B. (2005) Cálculo I. México: Editorial Piramide Ediciones Sa.

[3]   Leithold, L. (2011) Cálculo Con Geometría Analítica. Estados Unidos: Editorial Harpercollins College Division.

[4]   Frank, S. (2007) Matemáticas Aplicadas Para Administración, Economía Y Ciencias Sociales. México: Editorial Mc Graw Hill.

[5]   Arya, J. C.; Lardner, R. W. (2001) Matemáticas Aplicadas A La Administración, Economía, Ciencias Biológicas Y Sociales. México: Editorial Prentice Hall.

[6]   Hofman, L. D.; Bradley, H. L.; y Rosen, K. (2004) Cálculo Aplicado Para la Administración, Economía y Ciencias Sociales. México: Editorial Mc Graw Hill.

[7]   Edwards, C.; Penney, D. (1996) Cálculo Y Geometría Analítica. México: Editorial Prentice Hall.

[8]   Protter, M. H.; Morrey, C. (1980) Cálculo Con Geometría Analítica. México: Editorial Fondo Educativo Interamericano S.A.

[9]   Heyd D. (1994) Guía De Calculo. México. Editorial Mc Graw Hill.

[10]   Ayres, F.; Mendelson, E. (1991) Cálculo Diferencial E Integral. México: Editorial Mc Graw Hill.

[11]   Spiegel, M. R. (2001) Cálculo Superior. México: Editorial Mc Graw Hill.

www.ingramcontent.com/pod-product-compliance
Lightning Source LLC
Chambersburg PA
CBHW082138290526
45794CB00008B/3082